Herzog
Beispiele prüffähiger
Festigkeitsnachweise, Teil 3

Beispiele prüffähiger Festigkeitsnachweise

mit baupraktischen Näherungen

Dipl.-Ing. Dr. techn. Max A. M. Herzog

Teil 1
Hoch- und Industriebau

Teil 2
Brückenbau

Teil 3
Grund-, Hafen- und Tunnelbau

Teil 4
Konstruktiver Wasserbau

Werner-Verlag

Beispiele prüffähiger Festigkeitsnachweise

mit baupraktischen Näherungen

Teil 3

Grund-, Hafen- und Tunnelbau

Max A. M. Herzog
Dipl.-Ing. Dr. techn.

Werner-Verlag

1. Auflage 1995

Die Deutsche Bibliothek – CIP-Einheitsaufnahme

Herzog, Max:
Beispiele prüffähiger Festigkeitsnachweise mit baupraktischen Näherungen / Max A. M. Herzog. – Düsseldorf : Werner.
Teil 3. Grund-, Hafen- und Tunnelbau. – 1995
ISBN 3-8041-2036-9

ISB N 3-8041-2036-9

Druck und Verarbeitung: Druckerei Runge GmbH, Cloppenburg
Zahlenangaben ohne Gewähr
Archiv-Nr.: 969–6.95
Bestell-Nr.: 3-8041-2036-9

Inhaltsverzeichnis

Vorwort

Frisch gebackene Absolventen der Fachhochschulen und Technischen Universitäten bekunden in der Konstruktionspraxis häufig Mühe beim Aufstellen prüffähiger Festigkeitsnachweise. Um ihnen bei dieser Schwierigkeit, die auf mangelnder Erfahrung beruht, zu helfen, habe ich einige interessante Beispiele aus der Praxis meines Ingenieurbüros und anderen zusammengestellt, die jungen Bauingenieuren beim Einstieg ins Berufsleben, aber auch älteren, aus der Übung geratenen willkommen sein werden. In diesen Festigkeitsnachweisen werden die Schnittgrößen mit elastischen Berechnungsverfahren und die Querschnittswiderstände im allgemeinen mit plastischen Verfahren ermittelt. Zur Erhöhung der Übersichtlichkeit werden nur Handverfahren verwendet, bei denen alle Rechenschritte genau verfolgt werden können. Obwohl es sich dabei strenggenommen stets nur um Näherungsberechnungen handelt, weichen sie kaum um mehr als 5% von einer sogenannten „genauen" Berechnung ab. Eine solche Genauigkeit des Festigkeitsnachweises ist für praktische Zwecke stets ausreichend, besonders wenn man sich vor Augen hält, daß die Eigenschaften einer Baukonstruktion auch durch eine noch so umfangreiche Berechnung nicht verbessert werden können.

Der Text der Beispiele beschränkt sich auf das unbedingt Erforderliche, weil prüffähige Festigkeitsnachweise vom Fachmann (Entwurfsingenieur) für den Fachmann (Prüfingenieur) aufgestellt werden. Auf die gegenwärtig in einem Übergangsstadium befindlichen Normen (von den DIN zu den Eurocodes) wird möglichst wenig Bezug genommen, um die Aussage der Beispiele nicht einzuschränken. Dagegen empfiehlt es sich, neben der vorliegenden Beispielsammlung auch die ebenfalls im Werner-Verlag erschienene „Kurze baupraktische Festigkeitslehre" des Verfassers zu Rate zu ziehen.

Aarau, im Frühjahr 1995 *Max A. M. Herzog*

1 Elemente des Festigkeitsnachweises

Jede Festigkeitsberechnung muß beinhalten

1.1 Skizze des Tragwerks

Schematische Darstellung mit den wichtigsten Abmessungen.

1.2 Vorschriften

Geltende Normen mit Ausgabejahr.

1.3 Nutzungsdauer des Tragwerks

Angabe in Jahren.

1.4 Einwirkungen

- Eigenlast
- Verkehrslast einschließlich Fahrzeug- oder Schiffsanprall
- Anfahr-, Brems- und Fliehlasten sowie Pollerzug
- Wind-, Schnee- und Eislasten
- Temperaturänderungen und -gefälle
- Schwinden und Kriechen des Betons
- Vorspannung
- Ausführungstoleranzen
- eventuell Erdbeben

1.5 Schnittgrößen

Die Schnittgrößen von Bauwerken im Grund-, Hafen- und Tunnelbau werden gegenwärtig meistens für den elastischen Zustand ermittelt. Der Tragfähigkeitsnachweis für statisch unbestimmte Tragwerke ist jedoch nur dann wirklichkeitsnah, wenn er von der plastisch berechneten Traglast des Systems ausgeht.

1.6 Tragwiderstand

- kennzeichnende Baugrund- und Baustoffestigkeiten (Rechenwerte entsprechen den 5%-Fraktilen)
- Querschnittswiderstände (elastisch oder plastisch)
- Systemwiderstände des unverformten Tragwerks (Theorie 1. Ordnung) und des verformten (Theorie 2. Ordnung)
- statische und/oder dynamische Beanspruchung

1.7 Sicherheitsbetrachtung

erfolgt im Grund-, Hafen- und Tunnelbau gegenwärtig noch unter Verwendung globaler Sicherheitsbeiwerte. Es ist jedoch damit zu rechnen, daß in absehbarer Zeit auch hier Teilsicherheitsbeiwerte für die Last- und Widerstandsseite eingeführt werden. Die Abstimmung ihrer Größe wird allerdings noch heftige Diskussionen verursachen.

1.8 Gebrauchsfähigkeit

Nachweis der Verformungen unter Verwendung einer plausiblen Lastfallkombination (Eigenlast G, Verkehrslast P und Zusatzlast Z)

$$L = 1{,}0\,G + 0{,}7\,P + 0{,}5\,Z$$

und Vergleich mit der angestrebten Nutzung des Bauwerks unter gebührender Beachtung von langfristigen Einflüssen (z. B. Setzungen).

1.9 Aussagen zu besonderen Lastfällen

- Erdbeben
- Fahrzeug- oder Schiffsanprall
- Flugzeugabsturz
- Eisstoß
- Brandgefahr (Umschlag von Mineralöl)
- Korrosionsgefahr (Nähe chemischer Betriebe oder der Meeresküste)
- Setzungsgefahr des Baugrunds
- tropische Wirbelstürme

2 Flachgründung

Widerlager einer zweigleisigen Eisenbahnbrücke

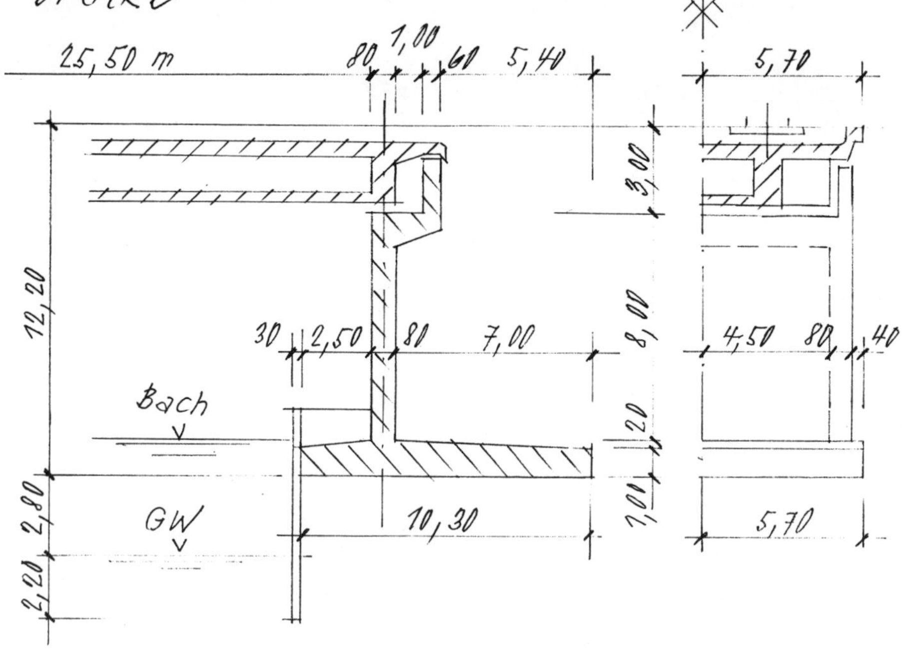

2.1 Lasten

vgl. Teil 2: Brückenbau, S. 73 – 80

2.2 Tragfähigkeit des Baugrunds

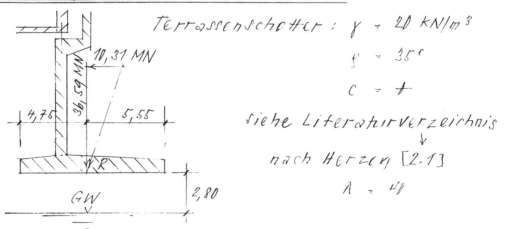

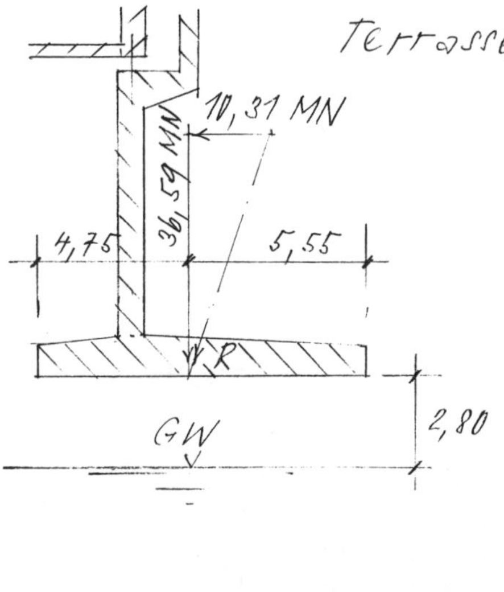

Terrassenschotter: $\gamma = 20\ kN/m^3$

$\varphi = 35°$

$c = 0$

siehe Literaturverzeichnis

nach Herzog [2.1]

$\lambda = 40$

$$V_{ue} = 2 \cdot 4{,}75 \cdot 11{,}40 \cdot 40 \left[10 \cdot 10{,}30 \left(1 - 0{,}2 \cdot \frac{10{,}30}{11{,}40}\right)\right] =$$

$$= 108{,}3 \cdot 3'375 = 365'000 \text{ kN} = 365 \text{ MN}$$

$$\tan\beta = \frac{10{,}31}{36{,}59} = 0{,}282 \longrightarrow \beta = 15°45'$$

$$\left(1 - \frac{\beta}{\varrho}\right)^{1,5} = \sqrt{\left(1 - \frac{15{,}75}{35}\right)^3} = 0{,}408$$

$$V_{ue\beta} = 0{,}408 \cdot 365 = 149{,}0 \text{ MN}$$

$$\eta = \frac{149{,}0}{36{,}59} = 4{,}07 > 2{,}0$$

2.3 Setzung

$$E_s = 200 \text{ MN/m}^2 \qquad \frac{z}{b} \simeq 2{,}5 \qquad \frac{a}{b} \simeq 1{,}0$$

$$s = \frac{36{,}59 \cdot 1'030 \cdot 0{,}67}{11{,}40 \cdot 10{,}30 \cdot 200} = 1{,}08 \text{ cm}$$

2.4 Geländebruch

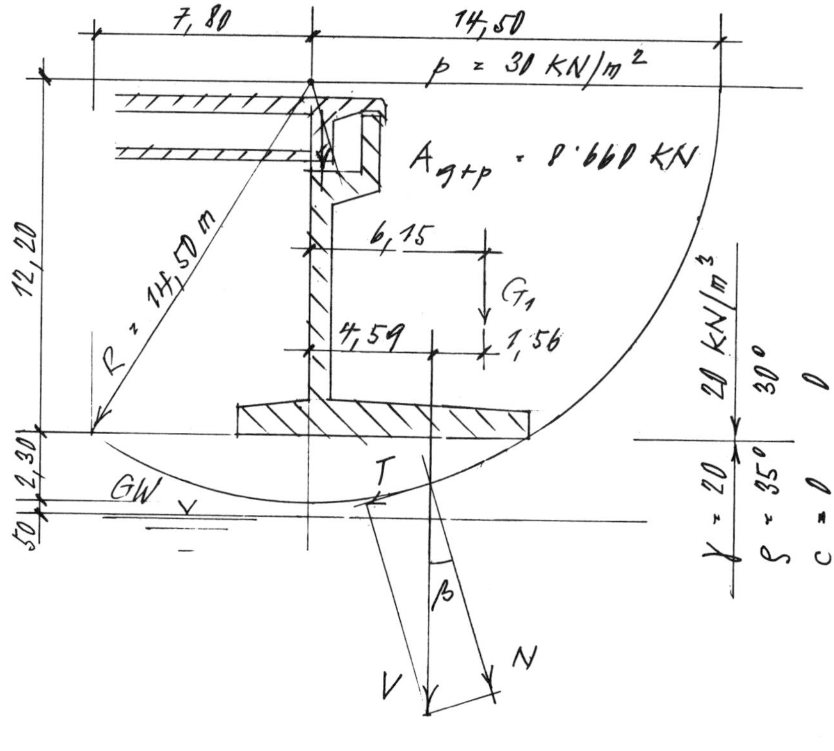

$$A_1 + \frac{A_2}{2} = \frac{\pi}{4} \cdot 14{,}50^2 = 165{,}1\ m^2$$

$$A_2 = \frac{2}{3} \cdot 15{,}60 \cdot 2{,}30 = 23{,}9\ "$$

$$A_1 = 165{,}1 - \frac{23{,}9}{2} = 153{,}1\ "$$

$$G_1 = 10{,}60 \cdot 153{,}1 \cdot 21 = 22'290\ kN \cdot 6{,}15 = 137'080\ kNm$$

$$G_2 = 11{,}40 \cdot 23{,}9 \cdot 20 = 5'450\ "$$

Eigenlast $G = 27'740\ kN$

Überbau $A_g = 5'240\ " \cdot 0{,}40 = 2'100\ "$

Verkehrsersatzlast

$$P = 30 \cdot 10{,}60 \cdot 14{,}50 = 4'610\ " \cdot 7{,}25 = 33'420\ "$$

$$V = 37'590\ kN \qquad 172'600\ kNm$$

$$a = \frac{172'600}{37'590} = 4{,}59\ m$$

$$\sin\beta = \frac{4{,}59}{14{,}50} = 0{,}317 \longrightarrow \tan\beta = 0{,}334$$

$$\tan\varrho = \frac{0{,}577 \cdot 16{,}38 + 0{,}700 \cdot 14{,}57}{16{,}38 + 14{,}57} =$$

$$= \frac{9{,}45 + 10{,}21}{30{,}95} = 0{,}635$$

Sicherheit $\eta = \frac{0{,}635}{0{,}334} = 1{,}90 > 1{,}5$

3 Bohrpfahlgründung

3.1 Lasten

vgl. Teil 2: Brückenbau, S. 98 – 99

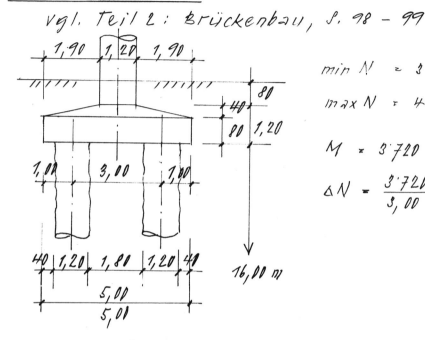

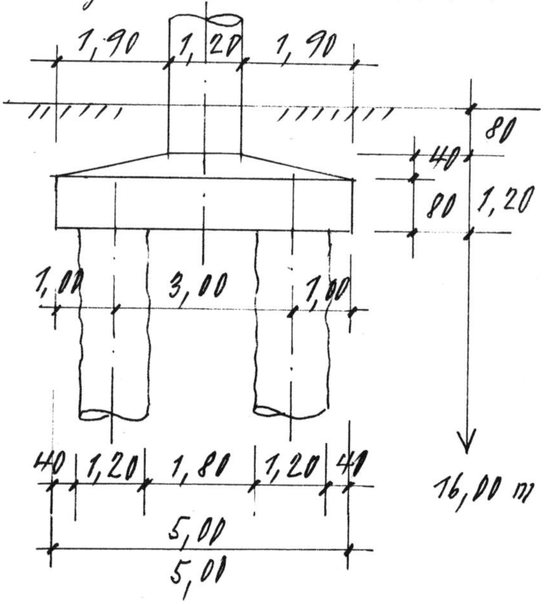

min N = 3'240 kN

max N = 4'590 "

M = 3'720 kNm

$$\Delta N = \frac{3'720}{3,00} = 1'240 \text{ kN}$$

3.2 Tragfähigkeit der Gründung

Baugrund = Tertiärton

nach Herzog [3.1 und 3.2]

$p_s = 1,0 \text{ MN/m}^2$

$r_M = 0,06 \text{ MN/m}^2$

3.2.1 Einzelpfahl

$$N_{u1} = 1,0 \cdot 1,131 + 0,06 \cdot 60,4 = 1,13 + 3,62 = 4,75 \text{ MN}$$

$$N_1 = \frac{4,59}{4} + \frac{1,24}{2} = 1,15 + 0,62 = 1,77 \text{ MN}$$

$$\eta = \frac{4,75}{1,77} = 2,68 > 2,0$$

Setzung für $E_s = 30\ MN/m^2$

$$p_{M1} = \frac{4 \cdot 1{,}77}{\pi(1{,}20 + 16/2)} = 0{,}0267\ MN/m^2$$

$$w_{M1} = \frac{0{,}0267}{30}(1{,}2 + 16/2) = 0{,}0082\ m$$

3.2.2 Pfahlgruppe

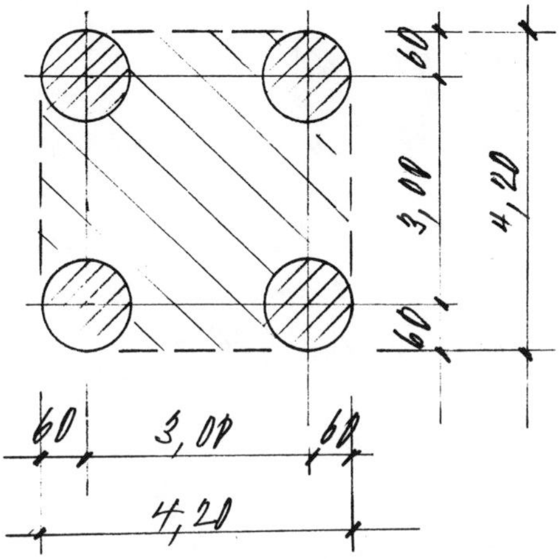

$$N_{U4} = 1{,}0 \cdot 4{,}20^2 + 0{,}06 \cdot 4 \cdot 4{,}20 \cdot 16{,}0 =$$
$$= 17{,}6 + 16{,}1 = 33{,}7\ MN > 4 N_{U1} = 19{,}0\ MN$$

$$p_{M4} = \frac{4 \cdot 1{,}77}{(4{,}20 + 16/2)^2} = 0{,}0475\ MN/m^2$$

$$w_{M4} = \frac{0{,}0475}{30}(4{,}20 + 16/2) = 0{,}0193\ m > w_{M1} = 0{,}0082$$

3.3 Pfahlbemessung

3.3.1 Schnittgrößen

Wind $W = 203\ kN$

Bremslast $B = 90$ kN

Resultierende Last $H = \sqrt{203^2 + 90^2} = 222$ kN

$$M_H = 222 \cdot 6{,}70 = 1'480 \text{ kNm}$$

Anprallast $A = 1'000$ kN

$$M_A = 1'000 \cdot 3{,}20 = 3'200 \text{ kNm}$$

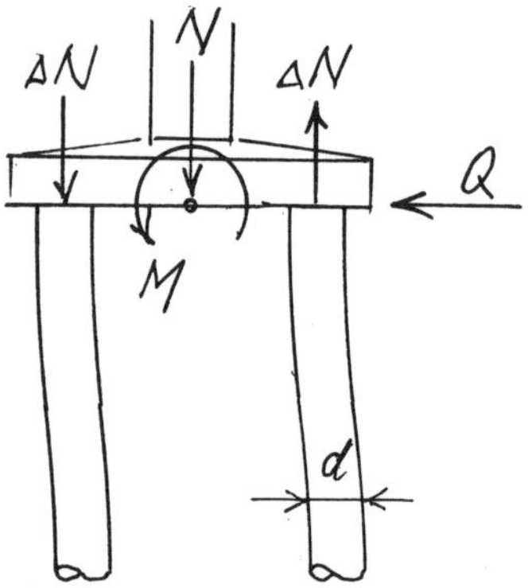

max $N = 4'590$ kN

min $N = 3'240$ "

$$Q = 222 + 0{,}7 \cdot 1'000 = 922 \text{ kN}$$

$$M = 1'480 + 0{,}7 \cdot \overset{2'240}{3'200} =$$

$$= 3'720 \text{ kNm}$$

nach Titze: Bauingenieur-Praxis, Heft 77, 1970

$$C = \frac{E_s}{d} = \frac{30}{1{,}20} = 25{,}0 \text{ MN/m}^3$$

$$E_c = 30'000 \text{ MN/m}^2$$

$$I_c = \frac{\pi}{64} \cdot 1{,}20^4 = 0{,}1018 \text{ m}^4$$

$$L_0 = \sqrt[4]{\frac{30'000 \cdot 0{,}1018}{1{,}20 \cdot 25{,}0}} = 3{,}18 \text{ m}$$

$$\lambda_0 = \frac{T}{L_0} = \frac{16{,}0}{3{,}18} = 5{,}03 \longrightarrow \lambda_1 = 3{,}5$$

$$\max M = 0{,}092 \cdot \frac{922}{4} \cdot 16{,}00 = 339 \text{ kNm}$$

$$\max \sigma_B = 23 \cdot \frac{922}{4 \cdot 1{,}20 \cdot 16{,}00} = 276 \text{ kN/m}^2$$

3.3.2 Stahlbetonquerschnitt

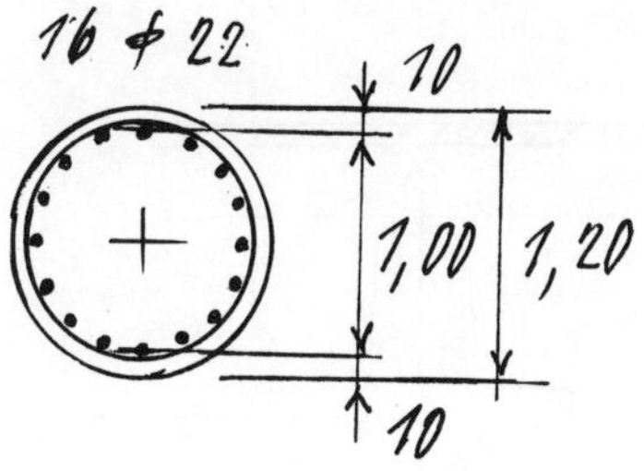

B 25 : $\beta_R = 17{,}5\ MN/m^2$

BSt 420

$M = 339\ kNm \qquad \min N = 3'240\ kN$

$N_{u0} = 17'500 \cdot \frac{\pi}{4} \cdot 1{,}20^2 + 42 \cdot 16 \cdot 3{,}80 =$

$= 19'790 + 2'550 = 22'340\ kN$

$e = \frac{339}{3'240} + \frac{1{,}00}{2}\sqrt{\frac{\pi}{4}} + 0{,}05 =$

$= 0{,}11 + 0{,}44 + 0{,}05 = 0{,}60\ m < 0{,}88\ m$

Festigkeit der Druckzone maßgebend

$N_{ue} = 22'340 \cdot \frac{0{,}44}{0{,}60} = 16'380\ kN$

$\eta = \frac{16'380}{3'240} = 5{,}05 > 2{,}1$

$\tau = \frac{4 \cdot 230{,}5}{3 \cdot \pi \cdot 0{,}60^2} = 272\ kN/m^2 < \tau_u = \frac{17{,}5}{3} = 5{,}83\ MN/m^2$

Kopfverschiebung:

$\delta = \frac{7{,}0}{25'000} \cdot \frac{922}{4 \cdot 1{,}20 \cdot 16{,}00} = 3{,}36 \cdot 10^{-3}\ m$

4 Pfeilerbaugrube im Fluß (Spundwand)

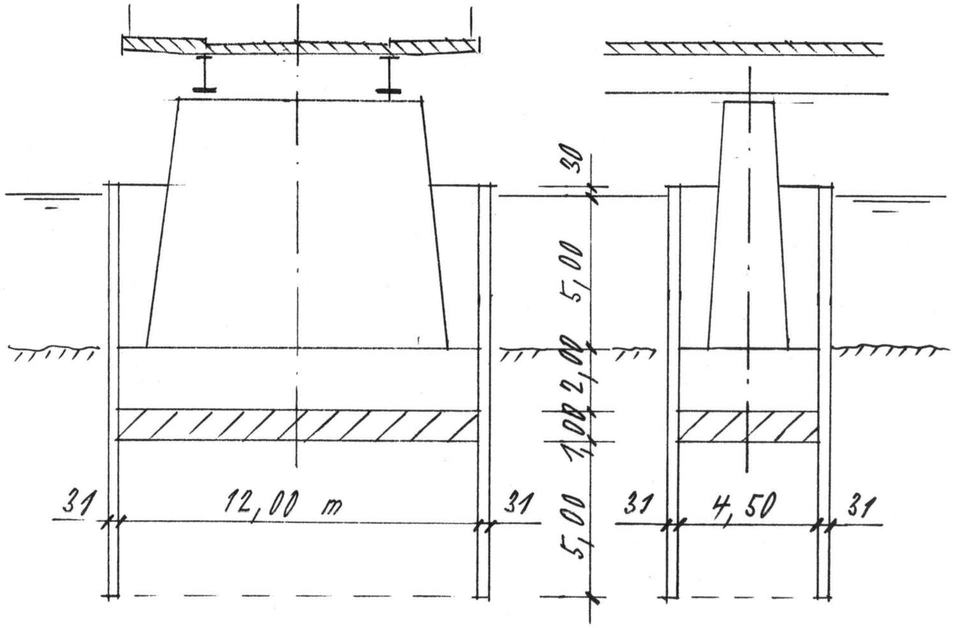

4.1 Lasten

Vgl. Teil 2: Brückenbau S. 51 - 56

4.2 Spundwand

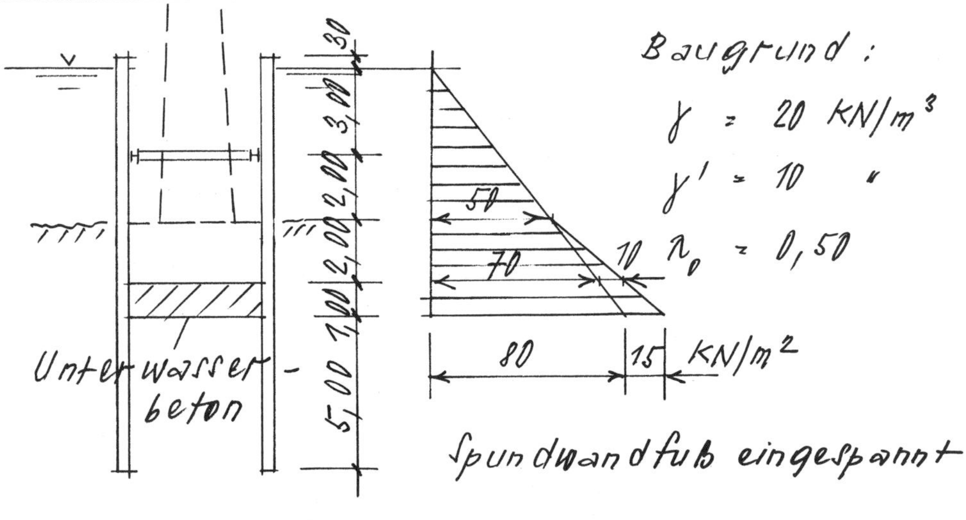

4.2.1 Lasten

Wasserdruck	8,00 · 10 =	80 kN/m²
Erddruck	3,00 · 10 · 0,5 =	15 "
auf Aushubsohle		95 kN/m²

4.2.2 Schnittgrößen

nach Tschebotarioff [4.1]
sowie Gibbons & Jaspers [4.2]

Momentennullpunkt auf Höhe der Aushubsohle!

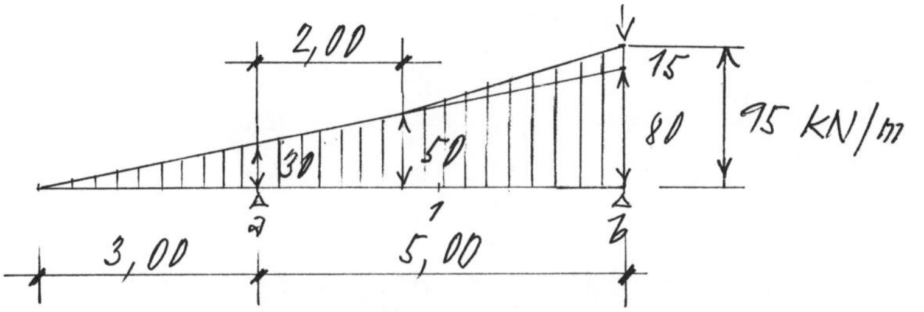

$$M_a = -30 \cdot \frac{3{,}00^2}{6} = -45 \text{ kNm/m}$$

$$M_1^0 \simeq 52{,}5 \cdot \frac{5{,}00^2}{8} = 164 \quad ''$$

$$M_1 \simeq 164 - \frac{45}{2} = 142 \quad ''$$

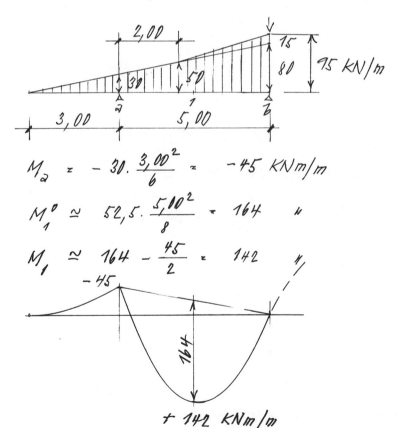

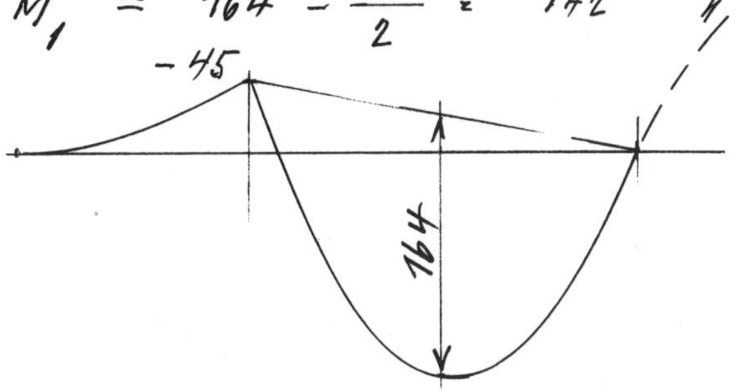

$$A_a \simeq \frac{30}{2} \cdot 3{,}00 + \frac{30 + 52{,}5}{2} \cdot \frac{5{,}00}{2} = 45 + 103 = 148 \text{ kN/m}$$

4.2.3 Tragfähigkeit

Larssen 603 $\qquad$ St Sp 37 : $\beta_S = 240\ MN/m^2$

$$\gamma = \frac{24 \cdot 1'200}{14'200} = 2{,}03 > 1{,}5$$

4.3 Baugrubenaussteifung

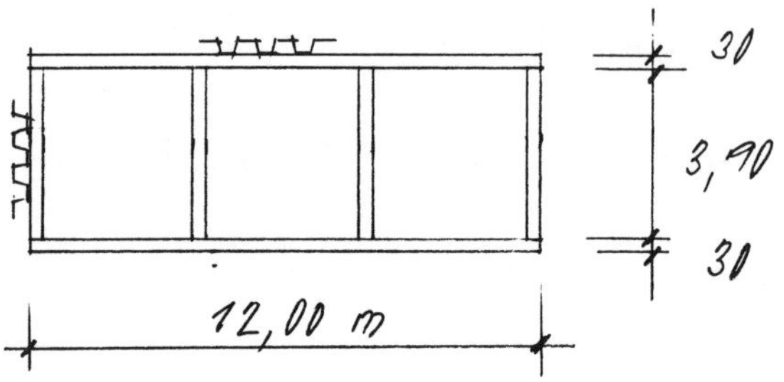

4.3.1 Holm

$$M = 148 \cdot \frac{3{,}90^2}{8} = 281\ kNm \quad < \quad M_{pl} = 541\ kNm$$

$$Q = 148 \cdot \frac{3{,}90}{2} = 289\ kN \quad < \quad Q_{pl} = 445\ kN$$

HEB 320 $\qquad$ St 37 - 2: $\beta_S = 240\ MN/m^2$

$$\gamma_M = \frac{514}{281} = 1{,}83 > 1{,}5$$

$$\gamma_Q = \frac{445}{289} = 1{,}54 > 1{,}5$$

4.3.2 Steife

$$N = 148 \cdot 3{,}90 \cdot 1{,}10 = 635\ kN$$

HEB 200 $\qquad \lambda_z = \frac{450}{5{,}07} = 88{,}7 \qquad \bar{\lambda}_z = 0{,}955$

$$\eta = \frac{0{,}542 \cdot 1'870}{635} = 1{,}60 > 1{,}5$$

4.4 Unterwasserbeton

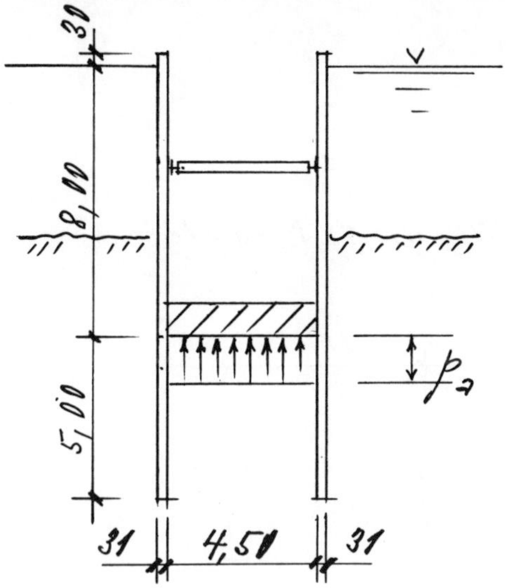

Baugrund ist wasserdurchlässig!

Auftrieb bei leergepumpter Baugrube

4.4.1 Lasten und Schnittgrößen

$$p_a = 8{,}00 \cdot 10 - 1{,}00 \cdot 24 = 80 - 24 = 56 \text{ kN/m}^2$$

$$M = -56 \cdot \frac{4{,}81^2}{8} = -162 \text{ kNm/m}$$

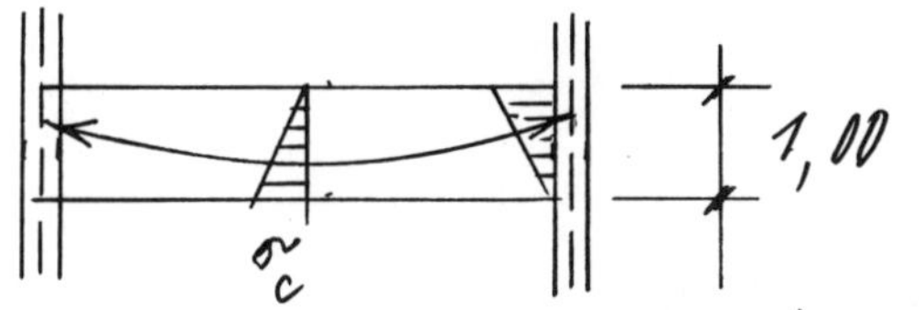

umgekehrtes Gewölbe

Bogenstich $f = \frac{d}{3} = \frac{1{,}00}{3} = 0{,}33$ m

$$H = \frac{162}{0{,}30} = 540 \text{ kN/m}$$

$$Q = 56 \cdot \frac{4{,}81}{2} = 134 \text{ kN/m}$$

4.4.2 Tragfähigkeit

– Beton B 25 : $\beta_R = 17{,}5\ MN/m^2$

$$\sigma_c = \frac{2.540}{1{,}00} = 1'080\ kN/m^2$$

$$\eta = \frac{17{,}5}{1{,}08} = 16{,}2 > 2{,}1$$

– Schubdübel an Spundwand angeschweißt :

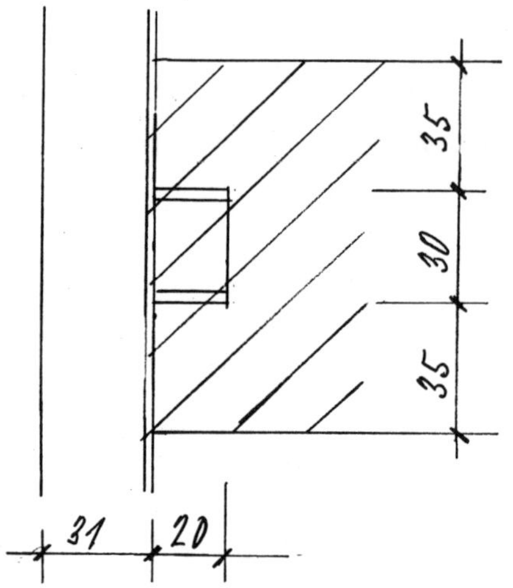

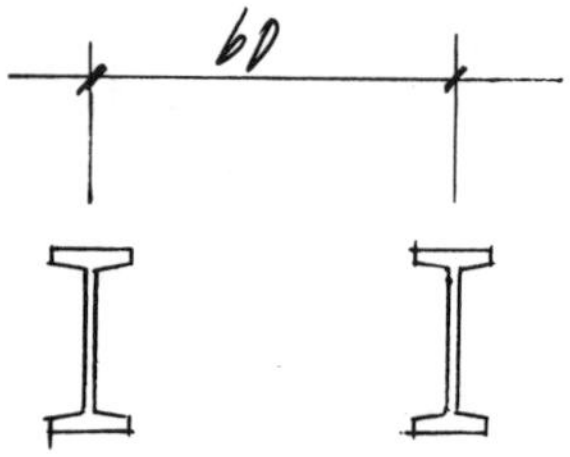

INP 300

St 37 - 2 : $\beta_P = 240\ MN/m^2$

$$\eta = \frac{400}{0{,}60 \cdot 134} = 4{,}98 > 1{,}5$$

Schweißnaht a = 5 mm

$$\tau_{\parallel} = \frac{0{,}60 \cdot 134}{2 \cdot 0{,}5 \cdot 30} = 2{,}68\ kN/cm^2$$

$$\eta = \frac{0{,}95 \cdot 24}{2{,}68} = 8{,}5 > 1{,}5$$

5 Baugrubensicherung (vorgespannte Bodenvernagelung)

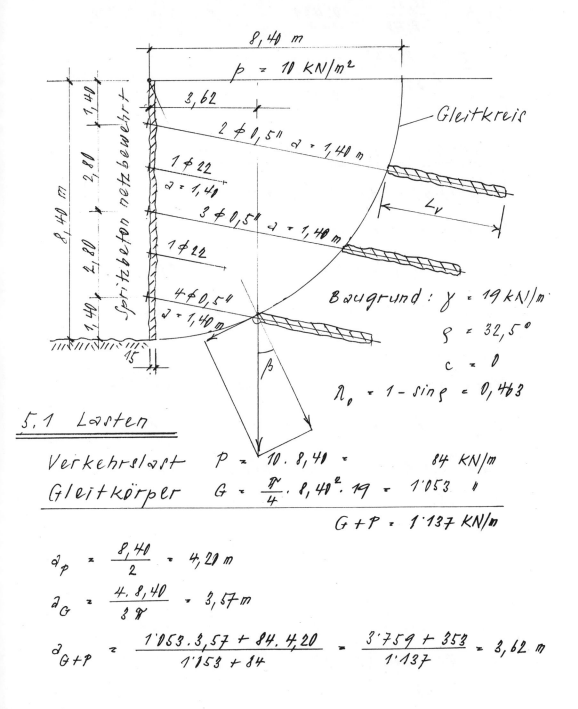

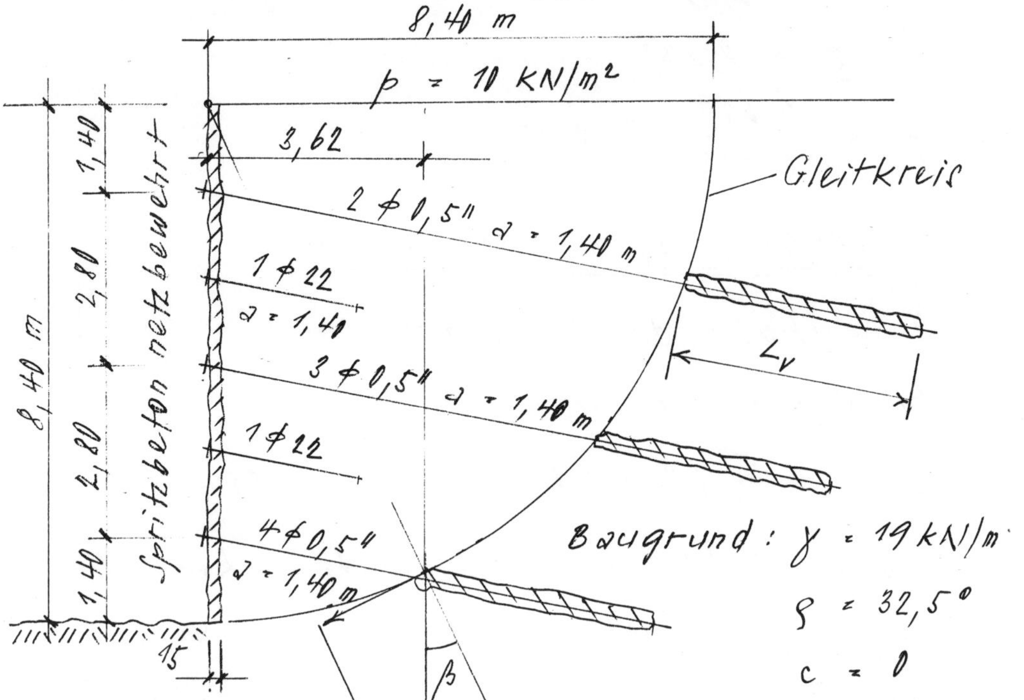

5.1 Lasten

Verkehrslast $\quad P = 10 \cdot 8{,}40 = 84 \text{ kN/m}$

Gleitkörper $\quad G = \frac{\pi}{4} \cdot 8{,}40^2 \cdot 19 = 1'053$ "

$$G + P = 1'137 \text{ kN/m}$$

$$a_P = \frac{8{,}40}{2} = 4{,}20 \text{ m}$$

$$a_G = \frac{4 \cdot 8{,}40}{3\pi} = 3{,}57 \text{ m}$$

$$a_{G+P} = \frac{1'053 \cdot 3{,}57 + 84 \cdot 4{,}20}{1'153 + 84} = \frac{3'759 + 353}{1'137} = 3{,}62 \text{ m}$$

5.2 Rutschsicherheit

$$\sin\beta = \frac{3,62}{8,40} = 0,431 \longrightarrow \tan\beta = 0,472$$

$$\tan\varrho = 0,637$$

$$\eta = \frac{0,637}{0,472} = 1,35$$

5.3 Vorgespannte Litzenanker

– Ersatzhöhe der Verkehrslast $h_p = \frac{10}{19} = 0,53\,m$

– Erddruck der Ruhe

$$\Sigma E_{0h} = \frac{19}{2}(8,40 + 0,53)^2 \cdot 0,463 = 351\ kN/m$$

– Ruhe-Erddruck für unterste Ankerreihe

$$E'_{0h} = 19\,(7,00 + 0,53) \cdot 0,463 = 66,2\ kN/m^2$$

horizontaler Ankerabstand $a = 1,90\ m$

$$E_{0h} = 66,2 \cdot 2,80 \cdot 1,90 = 353\ kN/Anker$$

– Tragfähigkeit eines Litzenankers

$4\ \phi\ 0,5''$ aus St 1570/1770

$$N_u = 4 \cdot 1,00 \cdot 157 = 628\ kN$$

$$\eta = \frac{628}{353} = 1,78 > 1,75$$

– Tragfähigkeit der Verpreßstrecke

nach Herzog [5.1]

$$L_V = 5,00\ m$$

$$A_v = 200 + 100 \cdot 5{,}00 = 700 \text{ kN} > N_u = 628 \text{ kN}$$

$$\eta = \frac{700}{353} = 1{,}98 \simeq 2{,}0$$

5.4 Schlaffe Bodennägel

zur konstruktiven Sicherung des Spritzbetons zwischen den vorgespannten Litzenankern.

6 Böschungsrutschung

Bergrutsch vom Monte Toc in den Stausee von Vaiont am 9. Okt. 1963 [6.1]

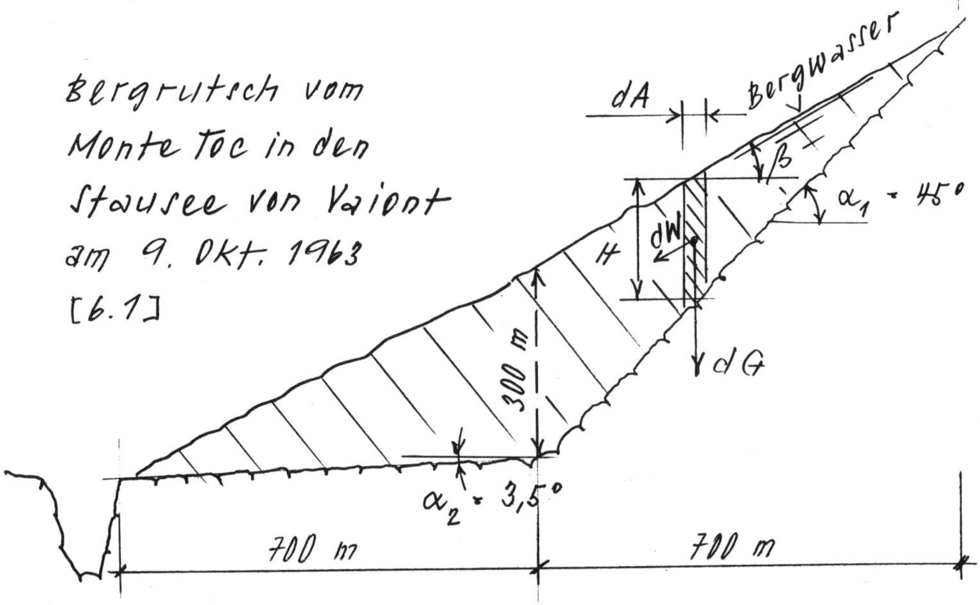

6.1 Steilhang

– Rutschmasse (wassergesättigt bis zur Oberfläche):

$\gamma = 28\ kN/m^3 \qquad \varrho = 31° \qquad c = 0$

$dG = \gamma H = 28\ H$

– Bergwasser:

$\gamma_W = 10\ kN/m^3 \qquad H_W = H \qquad \beta \cong 25°$

$dW = \gamma_W H_W \sin\beta = 10\ H \cdot 0,423 = 4,23\ H$

– Porenwasserdruck:

$dP = \gamma_W H = -10\ H$

– Rutschsicherheit (graphisch):

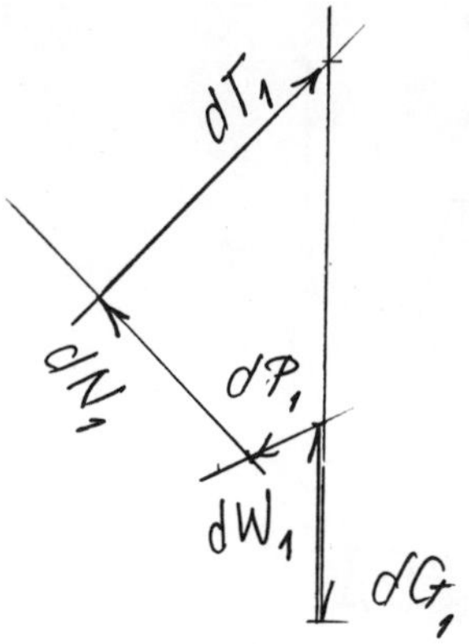

$dN_1 = 11{,}1\ H$

$dT_1 = 16{,}6\ H$

$dR_1 = dN_1 \cdot \tan \varrho =$

$= 11{,}1\ H \cdot 0{,}577 = 6{,}41\ H$

$$\eta_1 = \frac{dR_1}{dT_1} = \frac{6{,}41}{16{,}6} = 0{,}386 < 1$$

7.2 Talboden

$dG_2 \simeq dG_1$ $dW_2 \simeq dW_1$ $dR_1 \simeq 0$ der Steilhang rutscht bereits

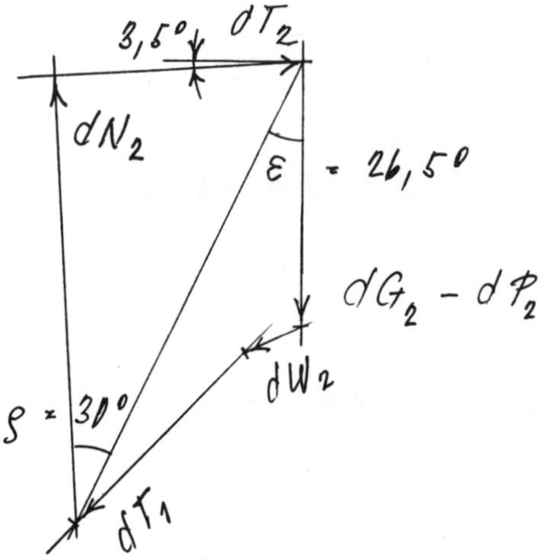

$dN_2 = 30{,}5\ H$

$dT_2 = 17{,}6\ H$

$dR_2 = 30{,}5 \cdot 0{,}577 =$

$= 17{,}6\ H$

$$\eta_2 = \frac{17{,}6}{17{,}6} = 1{,}00$$

bei der Talbodenneigung $\alpha_2 > 3{,}5°$ gerät der ganze wassergesättigte Hang ins Rutschen (vgl. Herzog [6.2])

7 Stützmauer mit Entlastungsplatte

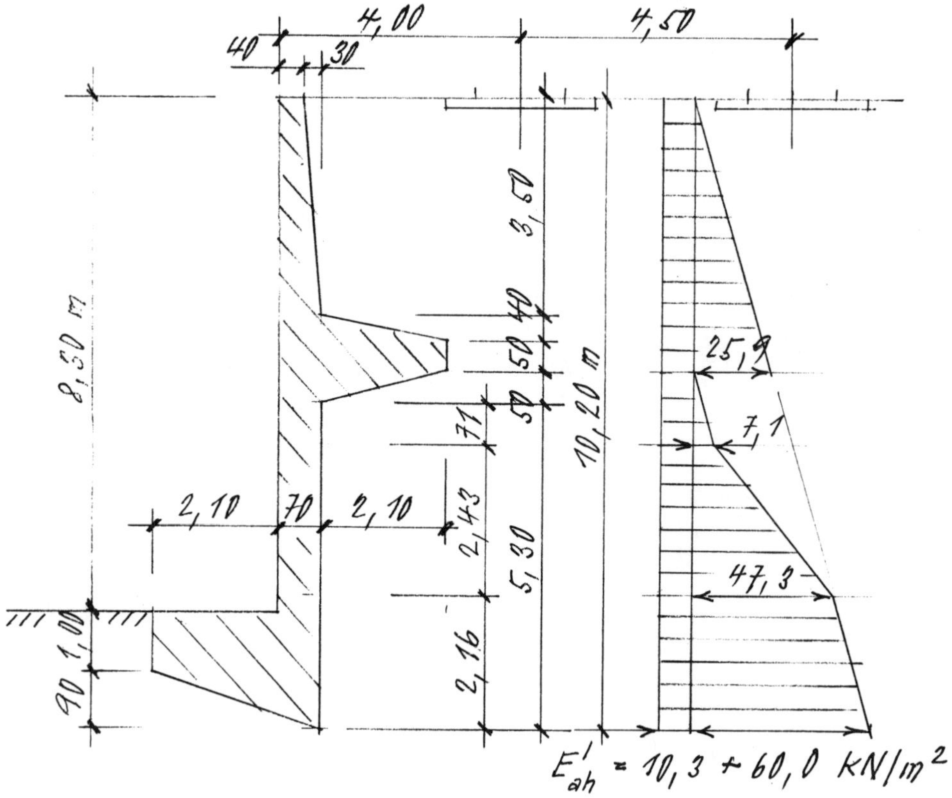

7.1 Hinterfüllung

Altschotter	γ = 19 kN/m³
Tunnelausbruch	23 "
Fundamentaushub	20 "
Vorhand. Bahndamm	20 "
im Mittel	γ = 21 kN/m³

$\varrho = 30°$ $\delta = 20°$ $c = 0$

$\lambda_{ah} = 0,280$ $\tan \delta = 0,364$

7.2 Aktiver Erddruck

7.2.1 infolge Hinterfüllung

25,9 · 4,40/2	=	57,0 · 7,27	=	415
7,1 · 1,21/2	=	4,3 · 4,83	=	21
(7,1 + 47,3) · 2,43/2	=	66,1 · 3,08	=	203
(47,3 + 60,0) · 2,16/2	=	115,9 · 1,04	=	121

horizontal $E_{ah} = 243{,}3$ kN/m 760 kNm/m

ab UK Fundament $a = \dfrac{760}{243{,}3} = 3{,}12$ m

vertikal $E_{av} = 243{,}3 \cdot 0{,}364 = 88{,}6$ kN/m

7.2.2 infolge Verkehrslast

Lokomotive $p = \dfrac{250}{1{,}60} = 156$ kN/m

Ersatzlast $p^* = \dfrac{2 \cdot 156}{4{,}00 + 4{,}50} = 36{,}8$ kN/m²

$E'_{ah} = 36{,}8 \cdot 0{,}28 = 10{,}3$ kN/m²

$E_{ah} = 10{,}3 \cdot 10{,}20 = 105{,}1$ kN/m $a = \dfrac{10{,}20}{2} = 5{,}10$ m

$E_{av} = 105{,}1 \cdot 0{,}364 = 38{,}3$ "

7.3 Eigenlast

2,25 · 3,70 · 21	=	175 · −0,97	=	−170	
0,55 · 3,70 · 25	=	51 · 0,42	=		21
2,10 · 0,95 · 25	=	50 · −0,88	=	−44	
0,70 · 4,80 · 25	=	84 · 0,35	=		29
2,80 · 1,45 · 25	=	102 · 1,26	=		128

G = 462 kN/m −214 + 178 = −36 kNm/m

ab HK Fundament $a = \frac{-36}{462} = -0,08$ m

7.4 Schlingerlast

$S = 80 / 12,69 = 6,3$ kN/m

$a = 10,20$ m über UK Fundament

7.5 Resultierende

Eigenlast		462 . −0,08 = −36
Verkehrslast	36,8 . 2,40 =	88 . −0,90 = −79
− vertikal	V = 550 kN/m	−115 kNm/m
Hinterfüllung		243,3 . 3,12 = 760
Verkehrslast		105,1 . 5,10 = 536
Schlingerlast		6,3 . 10,20 = 64
− horizontal	H = 354,7 kN/m	1.360 kNm/m

− Wandreibung infolge Hinterfüllung

oben	57,0 . 0,364 =	20,7 . −2,10 = −43,5
unten	186,3 . 0,364 =	67,8 . 0 = 0
	min ΔV = 88,5 kN/m	−43,5 kNm/m

− Wandreibung infolge Verkehrslast

oben	10,3 . 4,40 . 0,364 =	16,5 . −2,10 = −34,7
unten	10,3 . 5,80 . 0,364 =	21,7 . 0 = 0
	ΔV_p = 38,2 kN/m	−34,7 kNm/m

7.6 Lastfall 1 (ohne Verkehrslast)

$$a_{HK} = \frac{760 - 36 - 44}{462 + 89} = \frac{680}{551} = 1{,}24\ m$$

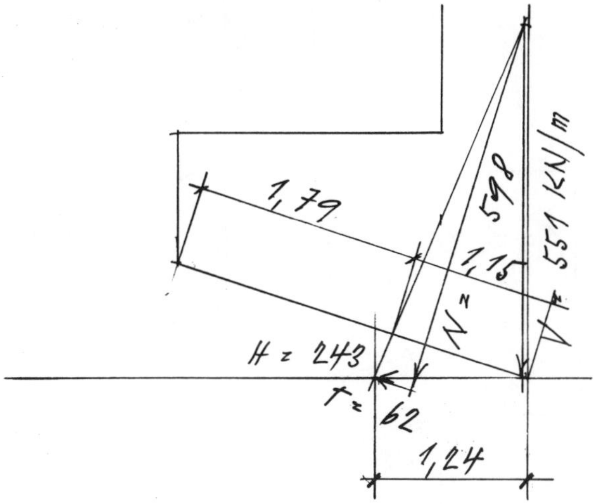

– Bodenpressung

$$\sigma_{B1} = -\frac{598}{2{,}94}\left(1 \mp \frac{6 \cdot 0{,}32}{2{,}94}\right) = \begin{matrix} -71 \\ -336 \end{matrix}\ kN/m^2$$

(0,653)

– Gleitsicherheit

Beton auf Kies $f = 0{,}60$

$$\eta_1 = 0{,}60 \cdot \frac{598}{62} = 5{,}79 > 1{,}5$$

– Kippung aus der Vertikalen

$E_s = 70\ MN/m^2$

$$\alpha_1 = \frac{71 - 336}{70'000} = -3{,}79 \cdot 10^{-3}$$

$$\delta_1 = -3{,}79 \cdot 10^{-3} \cdot 1'020 = -3{,}86\ cm$$ gegen die Hinterfüllung

7.7 Lastfall 2 (mit Verkehrslast)

$$a_{HK} = \frac{1'360 - 115 - 78}{550 + 127} = \frac{1'167}{677} = 1{,}72 \text{ m}$$

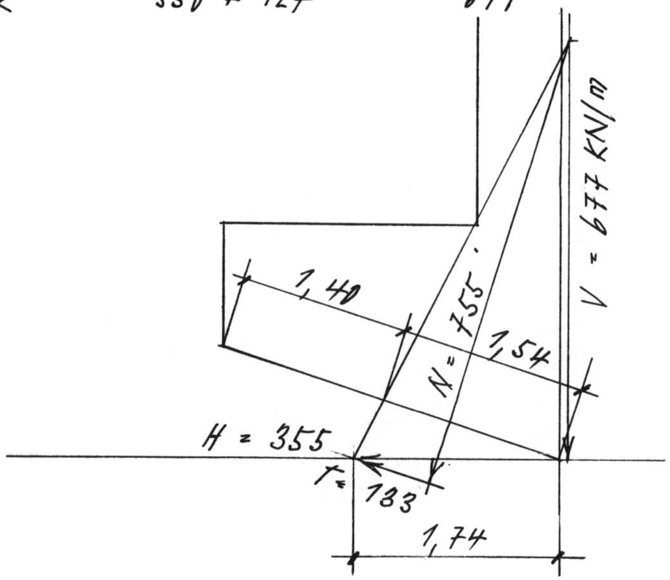

— Bodenpressung

$$\sigma_{B2} = -\frac{755}{2{,}94}\left(1 \pm \frac{6 \cdot 0{,}07}{2{,}94}\right) = \begin{matrix} -294 \\ -220 \end{matrix} \text{ kN/m}^2$$

(0,143)

— Gleitsicherheit

$$\eta_2 = 0{,}60 \cdot \frac{755}{133} = 3{,}41 > 1{,}5$$

— Kippung aus der Vertikalen

$$\alpha_2 = \frac{294 - 220}{70'000} = 1{,}06 \cdot 10^{-3}$$

$$\delta_2 = 1{,}06 \cdot 10^{-3} \cdot 1'020 = 1{,}08 \text{ cm}$$ gegen die Luftseite

7.8 Tragfähigkeit des Baugrunds

Baugrund = Flurschotter

$\gamma = 20\ kN/m^3 \qquad \varrho = 30° \qquad c = 0$

nach Herzog [2.1]

$\varkappa = 27$

$N_{ue} = 2 \cdot 1{,}40 \cdot 27 \cdot 20\,(1{,}00 + 2{,}94) = 5'960\ kN/m$

$\tan\beta = \dfrac{133}{755} = 0{,}1763 \longrightarrow \beta = 10°00'$

$\left(1 - \dfrac{\beta}{\varrho}\right)^{1,5} = \sqrt[3]{\left(1 - \dfrac{10}{30}\right)^2} = 0{,}763$

$N_{ue\beta} = 0{,}763 \cdot 5'960 = 4'550\ kN/m$

$\eta = \dfrac{4'550}{755} = 6{,}03 > 2{,}0$

7.9 Geländebruch

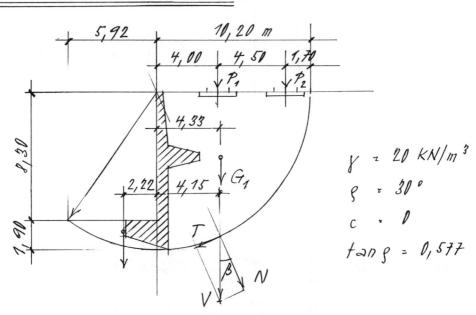

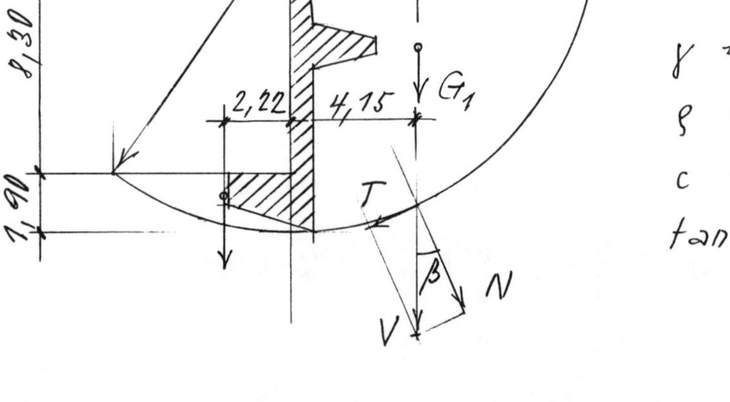

$\gamma = 20\ kN/m^3$

$\varrho = 30°$

$c = 0$

$\tan\varrho = 0{,}577$

$$G_1 = \frac{\pi}{4} \cdot 10{,}20^2 \cdot 20 = 1'634 \cdot 4{,}33 = 7'075$$

$$G_2 = \frac{2}{3} \cdot 1{,}90 \cdot 5{,}92 \cdot 20 = 150 \cdot -2{,}22 = -333$$

$$P_1 = 250 / 1{,}60 = 156 \cdot 4{,}00 = 624$$

$$P_2 = 156 \cdot 8{,}50 = 1'326$$

$$V = 2'096 \text{ kN/m} \qquad 8'692 \text{ kNm/m}$$

$$a = \frac{8'692}{2'096} = 4{,}15 \text{ m}$$

$$\sin\beta = \frac{4{,}15}{10{,}20} = 0{,}407 \longrightarrow \tan\beta = 0{,}445$$

$$\eta = \frac{\tan\varrho}{\tan\beta} = \frac{0{,}577}{0{,}445} = 1{,}30 > 1{,}25$$

7.10 Stahlbetonbemessung

$B\ 35: \beta_R = 23\ \text{MN/m}^2$ BSt 420

7.10.1 Fundamentvorsprung

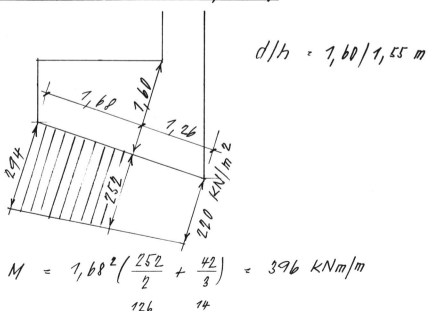

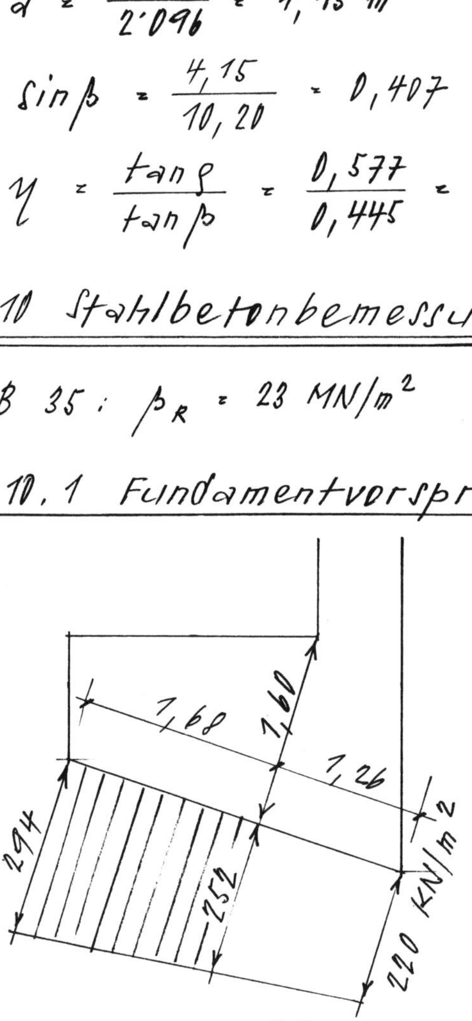

$d/h = 1{,}60 / 1{,}55$ m

$$M = 1{,}68^2 \left(\frac{252}{2} + \frac{42}{3} \right) = 396 \text{ kNm/m}$$

126 14

$$A_s = \frac{1{,}75 \cdot 396}{42 \cdot 0{,}95 \cdot 1{,}55} = 11{,}2 \text{ cm}^2/\text{m}$$

$$\min A_s = 0{,}15 \cdot 160 = 24{,}0 \text{ cm}^2/\text{m}$$

$$(\phi 22,\ a = 15 \text{ cm}:\ 25{,}3 \text{ cm}^2/\text{m})$$

-1,78 136 8

$$Q = \left(1{,}68 - \frac{1{,}55}{2}\right)\left(\frac{271}{2} + \frac{23}{3}\right) = 130 \text{ KN/m}$$

-76

$$Q_{red} = 130 - \frac{396}{1{,}55} \cdot \frac{0{,}50}{1{,}68} = 54 \text{ KN/m}$$

$$\tau = \frac{1{,}75 \cdot 54}{0{,}95 \cdot 1{,}55} = 64 \text{ KN/m}^2 < \tau_{01} = \sqrt{\frac{23}{10}} = 1{,}52 \text{ MN/m}^2$$

7.10.2 Wand über der Entlastungsplatte

Hinterfüllung	$21 \cdot 0{,}28 \cdot 3{,}50^3/6 =$	42,0 KNm/m
Verkehrslast	$10{,}3 \cdot 3{,}50^2/2 =$	63,1 "
Schlingerlast	$6{,}3 \cdot 3{,}50 =$	22,1 "
– horizontal	$M =$	127,2 KNm/m

Eigenlast	$0{,}55 \cdot 3{,}50 \cdot 25 =$	48,2 KN/m
Wandreibung	$0{,}364\,(36 + 26) =$	26,2 "
– vertikal	$N =$	– 74,4 KN/m

$$d/h = 70/65 \text{ cm}$$

22,3

$$M_e = 127{,}2 + 74{,}4 \cdot 0{,}30 = 149{,}5 \text{ KNm/m}$$

$$A_s = \frac{1{,}75 \cdot 149{,}5}{42 \cdot 0{,}95 \cdot 0{,}65} - \frac{1{,}75 \cdot 74{,}4}{42} = 10{,}1 - 3{,}1 = 7{,}0 \text{ cm}^2/\text{m}$$

$$\min A_s = 0{,}15 \cdot 70 = 10{,}5 \text{ cm}^2/\text{m}$$

$$(\phi 14,\ a = 15 \text{ cm}:\ 10{,}3 \text{ cm}^2/\text{m})$$

7.10.3 Entlastungsplatte

Hinterfüllung	$21 \cdot 3{,}70 =$	$77{,}7\ KN/m^2$
Entlastungsplatte	$25 \cdot 0{,}95 =$	$23{,}7$ "
Verkehrslast	$p^* =$	$36{,}8$ "
– vertikal		$138{,}2\ KN/m^2$

– Wandreibung oben $20{,}7 + 16{,}5 = 37{,}2\ KN/m$

$$M = -138{,}2 \cdot \frac{2{,}10^2}{2} - 37{,}2 \cdot 2{,}10 = -305 - 78 = -383\ KNm/m$$

$$d/h = 140/135\ cm$$

$$A_s = \frac{1{,}75 \cdot 383}{42 \cdot 0{,}95 \cdot 1{,}35} = 12{,}5\ cm^2/m$$

$$\min A_s = 0{,}15 \cdot 140 = 21{,}0\ cm^2/m$$

$(\phi 20,\ a = 15\ cm:\ 20{,}9\ cm^2/m)$

196,4

$$Q = 138{,}2\left(2{,}10 - \frac{1{,}35}{2}\right) + 37{,}2 = 233{,}6\ KN/m$$

–109,7

$$Q_{red} = 233{,}6 - \frac{383}{1{,}35} \cdot \frac{0{,}90}{2{,}10} = 123{,}9\ KN/m$$

$$\tau = \frac{1{,}75 \cdot 123{,}9}{0{,}95 \cdot 1{,}35} = 169\ kN/m^2 \ll \tau_{u0} = 1{,}52\ MN/m^2$$

7.10.4 Wand unter der Entlastungsplatte

Hinterfüllung	$25{,}9 \cdot \frac{4{,}40}{2}\left(\frac{4{,}40}{3} + 0{,}50\right) =$	$112\ KNm/m$
Verkehrslast	$10{,}3 \cdot 4{,}90^2/2 =$	127 "
Schlingerlast	$6{,}3 \cdot 4{,}90 =$	31 "
– horizontal		$M = 270\ KNm/m$

Eigenlast (vgl. S. 23) $175 \cdot -0{,}97 = -170$ kNm/m

$51 \cdot 0{,}42 = 21$ "

$50 \cdot -0{,}88 = -44$ "

$0{,}70 \cdot 1{,}40 \cdot 25 = 25 \cdot 0{,}35 = 9$ "

Wandreibung $20{,}7 + 16{,}5 = 37{,}2 \cdot -2{,}10 = -78$ "

Verkehrslast $36{,}8 \cdot 2{,}40 = 88 \cdot -0{,}90 = -79$ "

– vertikal $N = 426$ kN/m $M = -341$ kNm/m

$M = 270 - 341 = -71$ kNm/m

$d/h = 70/65$ cm

$M_e = 71 + \overset{128}{426 \cdot 0{,}30} = 199$ kNm/m

$$A_s = \frac{1{,}75 \cdot 199}{42 \cdot 0{,}95 \cdot 0{,}65} - \frac{1{,}75 \cdot 426}{42} = 13{,}4 - 17{,}7 < 0$$

min $A_s = 0{,}15 \cdot 70 = 10{,}5$ cm²/m

(ϕ 14, a = 15 cm: 10,3 ")

7.10.5 Wand über dem Fundament

Hinterfüll. $25{,}9 \cdot 4{,}40/2 = 57{,}0 \left(\frac{4{,}40}{3} + \overset{1{,}47}{3{,}90}\right) = 306$ kNm/m

$7{,}1 \cdot 1{,}21/2 = 4{,}3 \left(\frac{1{,}21}{3} + \overset{0{,}40}{2{,}69}\right) = 13$ "

$7{,}1 \cdot 2{,}69 = 19{,}1 \cdot 2{,}69/2 = 26$ "

$40{,}2 \cdot 2{,}43/2 = 48{,}8 \left(\frac{2{,}43}{3} + \overset{0{,}81}{0{,}26}\right) = 52$ "

$43{,}7 \cdot 0{,}26 = 11{,}4 \cdot 0{,}26/2 = 1$ "

Verkehrslast $10{,}3 \cdot 8{,}30 = 85{,}5 \cdot 8{,}30/2 = 355$ "

Schlingerlast $6{,}3 \cdot 8{,}30 = 52$ "

– horizontal $Q = 232{,}4$ kN/m $M = 815$ kNm/m

Eigenlast	462 − 102 = 350 · −0,47 =	−164
Wandreibung	1,364 (57,0 + 45,3) = 37 · −2,10 =	−78
Verkehrslast	36,8 · 2,40 = 88 · −0,90 =	−79
– vertikal	N = 475 KN/m	M = −321 KNm/m

$M = 815 - 321 = 494$ KNm/m

$d/h = 70/65$ cm

$M_e = 494 - \overset{-24}{475 \cdot 0{,}05} = 470$ KNm/m

$A_s = \frac{1{,}75 \cdot 470}{42 \cdot 0{,}95 \cdot 0{,}65} - \frac{1{,}75 \cdot 475}{42} = 43{,}0 - 19{,}8$

$= 31{,}7 - 19{,}8 = 11{,}9$ cm²/m

(ϕ 16, a = 15 cm : 13,4 〃)

$Q = 232{,}4 - \overset{-18,7}{(47{,}3 + 10{,}3)} \cdot \frac{0{,}65}{2} = 213{,}7$ kN/m

$\tau = \frac{1{,}75 \cdot 213{,}7}{0{,}95 \cdot 0{,}65} = 605$ KN/m² $< \tau_{00} = 1{,}52$ MN/m²

8 Bewehrte Erde

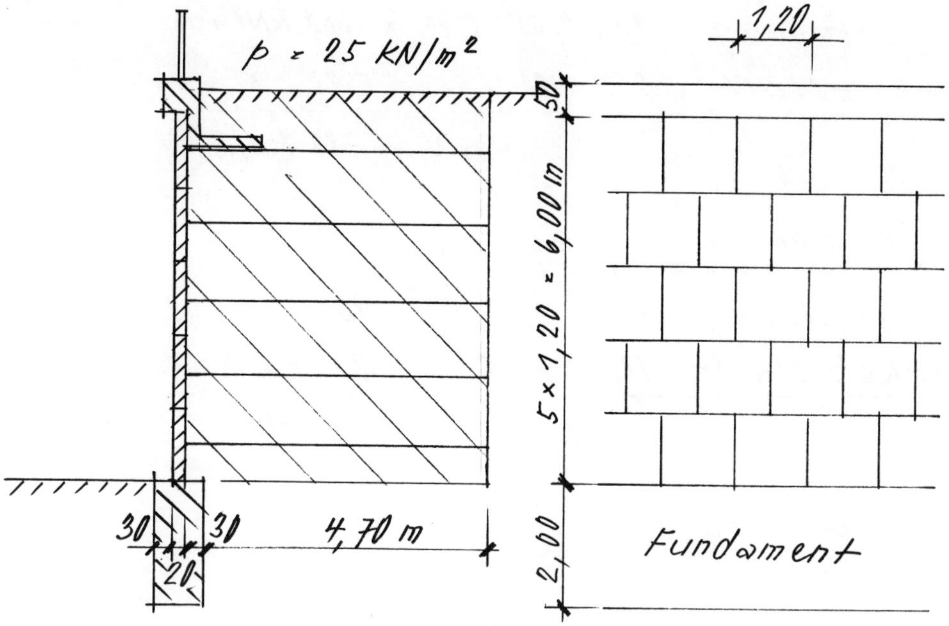

8.1 Erddruck

Hinterfüllung: $\gamma = 20\ kN/m^3$

$\varrho = 32{,}5°$

$c = 0$

Ruhedruckbeiwert $\lambda_0 = 1 - \sin\varrho = 0{,}46$

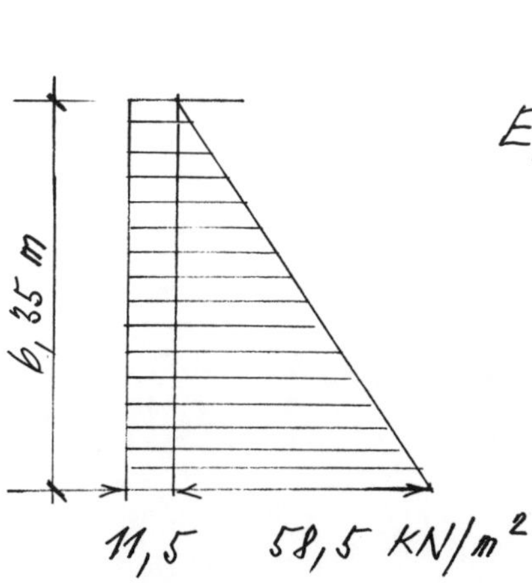

$$E_0' = 25 \cdot 0{,}46 + 20 \cdot 0{,}46 \cdot 6{,}35 =$$

$$= 11{,}5 + 58{,}5 = 70{,}0\ kN/m^2$$

8.2 Vertikale Lasten

Hinterfüllung	$20 \cdot 6{,}35 \cdot 5{,}20 =$	660 kN/m
Verkehrslast	$25 \cdot 4{,}80 =$	120 "
	max $V =$	780 kN/m

8.3 Horizontale Lasten

Hinterfüllung	$58{,}5 \cdot 6{,}35/2 =$	$186 \cdot 6{,}35/3 =$	394
Verkehrslast	$11{,}5 \cdot 6{,}35 =$	$73 \cdot 6{,}35/2 =$	232
	max $E_0 =$ 259 kN/m		626 kNm/m

8.4 Resultierende Last

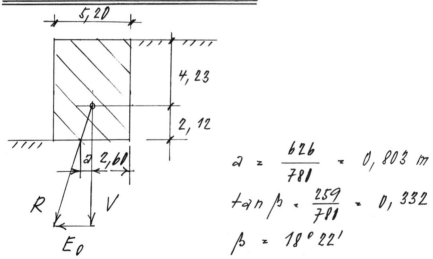

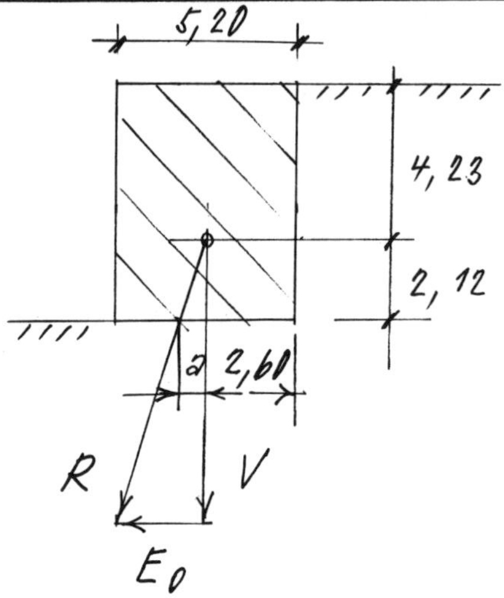

$$a = \frac{626}{780} = 0{,}803 \text{ m}$$

$$\tan\beta = \frac{259}{780} = 0{,}332$$

$$\beta = 18^\circ 22'$$

8.5 Bodenpressung

$$\sigma_B = \frac{780}{5{,}20}\left(1 \pm \frac{6 \cdot 0{,}803}{5{,}20}\right) =$$

$$= 150\,(1 \pm 0{,}927) = \begin{matrix} 289 \\ 11 \end{matrix} \text{ kN/m}^2$$

8.6 Tragfähigkeit des Baugrunds

$\gamma = 19$ kN/m³ $\quad \rho = 25°$ $\quad c = 0$

nach Herzog: Bautechnik 1992, S. 706 - 709

$$n_\beta = 18\sqrt{1-\left(\frac{18,4}{25}\right)^3} = 13,95$$

$$V_{uep} = 13,95 \cdot 19 \cdot 2 \cdot 1,80\,(2,00 + 5,20) = 6\,870 \text{ kN/m}$$

$$\eta = \frac{6\,870}{780} = 8,81 > 2,0$$

8.7 Anker

$$A = (52,9 + 11,5) \cdot 1,20^2 = 92,7 \text{ kN}$$

▭ 80.10 $\quad$ St 37: $\beta_s = 240$ MN/m² $= 24$ kN/cm²

Rostverlust 1mm je Oberfläche

$$\sigma = \frac{92,7}{7,8 \cdot 0,8} = 14,9 \text{ kN/cm}^2$$

$$\eta = \frac{24}{14,9} = 1,61 > 1,5$$

Ankerlänge $\quad L = 5,00$ m < 6 m

nach Herzog [5.1]

$$A = 200 + 100 \cdot 5,00 = 700 \text{ kN} > 92,7$$

8.8 Betonelement

8.8.1 Biegung

nach Herzog [8.1]

$b/a = 0{,}10$

$$M = -\frac{10{,}3}{16\pi} \cdot 92{,}7 = -19{,}0 \text{ kNm/m}$$

B 35: $\beta_R = 23 \text{ MN/m}^2$ BSt 420

$d/h = 20/15$ cm

$$A_s = \frac{1{,}75 \cdot 19{,}0}{42 \cdot 0{,}95 \cdot 0{,}15} = 5{,}6 \text{ cm}^2/\text{m}$$

(ϕ 10, a = 10 cm: 7,9 cm^2/m)

8.8.2 Durchstanzen

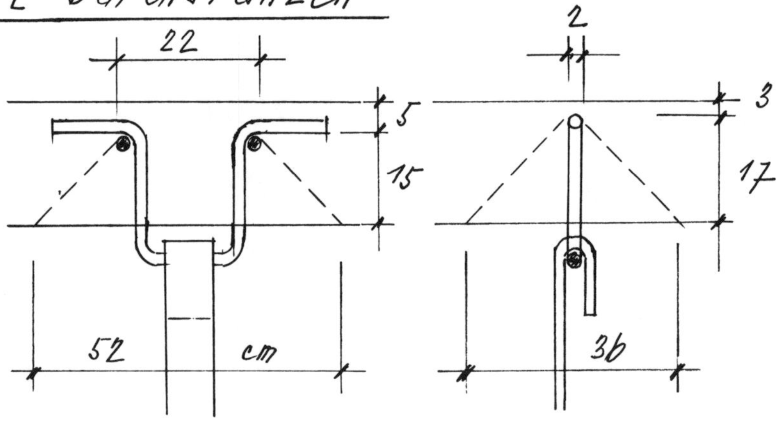

nach Herzog [8.2]

$$\mu \frac{\beta_S}{\beta_R} = \frac{7{,}9 \cdot 420}{15 \cdot 100 \cdot 23} = 0{,}0962$$

$$\frac{\tau_u}{\beta_R} = \frac{1{,}6 \cdot 0{,}0962}{1 + 16 \cdot 0{,}0962} = 0{,}0605$$

$$Q_u = 0{,}0605 \cdot 2{,}3 \cdot 2 \cdot 16\,(37 + 19)\underbrace{\left(0{,}6 + 0{,}4\,\frac{19}{37}\right)}_{0{,}784} = 195 \text{ kN}$$

$$\gamma = \frac{195}{92{,}7} = 2{,}10 \text{ i. O.}$$

8.9 Geländebruch

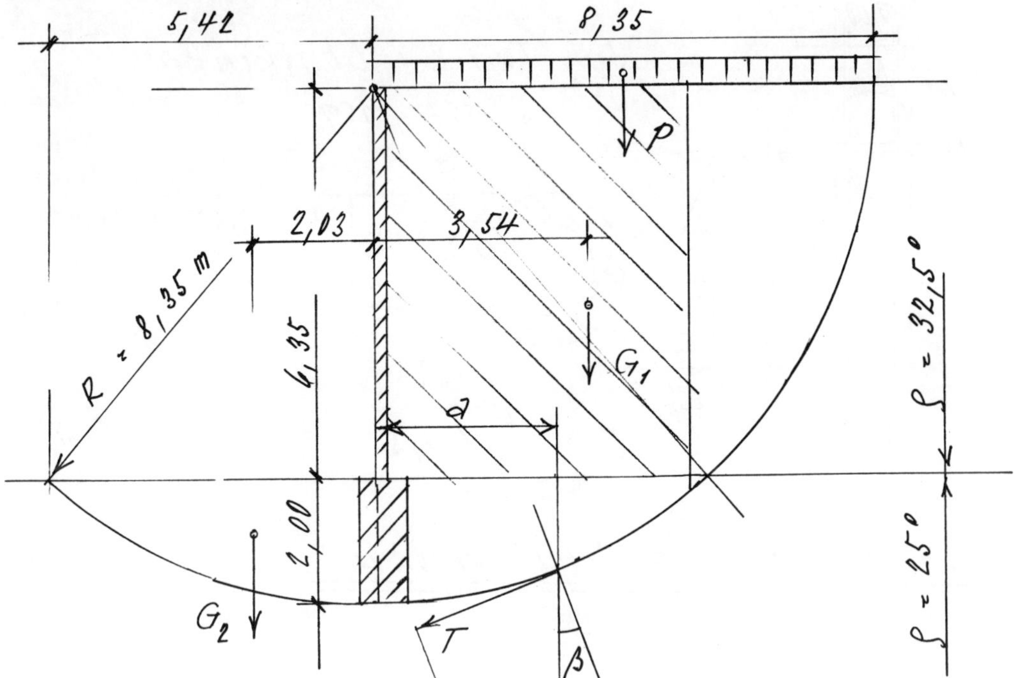

$P = 25 \cdot 8{,}35 = 209 \cdot 4{,}18 = 873$

$G_1 = \frac{\pi}{4} \cdot 8{,}35^2 \cdot 20 = 1'095 \cdot 3{,}54 = 3'876$

$G_2 = \frac{2}{3} \cdot 5{,}42 \cdot 2{,}03 \cdot 20 = 147 \cdot 2{,}03 = -298$

$V = 1'451 \text{ kN/m} \qquad 4'351 \text{ kNm/m}$

$a = \frac{4'351}{1'451} = 3{,}00 \text{ m}$

$\tan\beta = \frac{410}{1'360} = 0{,}302$

$\rho_m = \frac{32{,}5 \cdot 49 + 25 \cdot 81}{49 + 81} = \frac{1'590 + 2'025}{130} = 27{,}8°$

$\tan\rho_m = 0{,}527$

$\eta = \frac{0{,}527}{0{,}302} = 1{,}74 > 1{,}3$

9 Pylonfundament

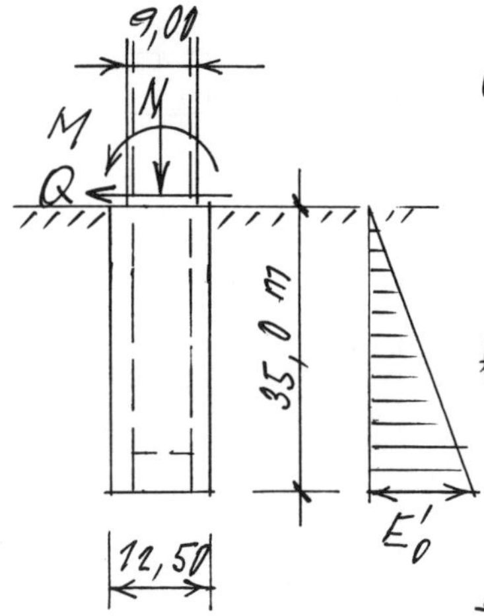

Vgl. Teil 2 : Brückenbau
S. 157 - 159

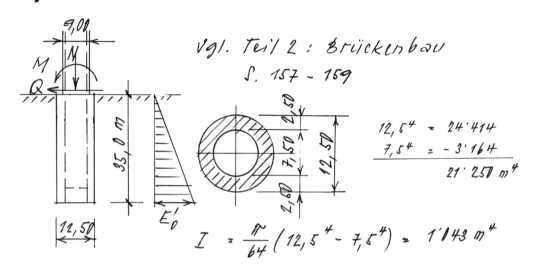

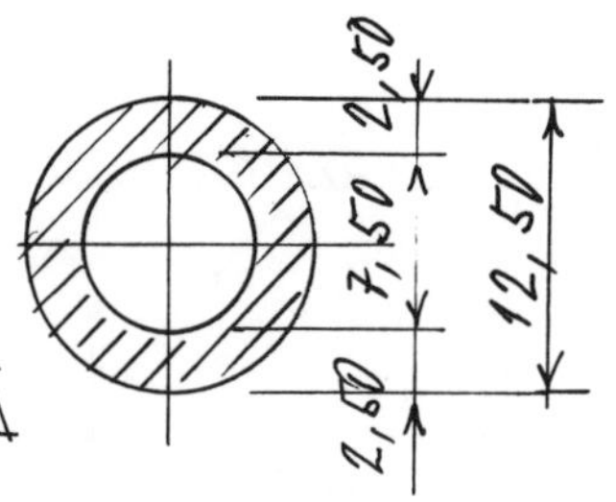

$12{,}5^4 = 24'414$
$7{,}5^4 = -3'164$
$21'250\ m^4$

$$I = \frac{\pi}{64}\left(12{,}5^4 - 7{,}5^4\right) = 1'043\ m^4$$

9.1 Lasten und Schnittgrößen

9.1.1 global

$$\gamma_L N = -192{,}96 + 1{,}3 \cdot \overset{6,40}{4{,}93} = -186{,}56\ MN$$

$$\gamma_L M = \sqrt{115{,}41^2 + 233{,}73^2} = 260{,}67\ MNm$$

$$\gamma_L Q = 1{,}0\left[\overset{2,24}{18{,}2\left(70{,}5 + 52{,}7\right)} + \overset{3,17}{10{,}4\left(145 + 160\right)}\right] = 5{,}41\ MN$$

nach Titze: Bauingenieur-Praxis, H. 77 (1970)

$E_c = 30'000\ MN/m^2$ $\qquad E_s = 100\ MN/m^2$

$$L_0 = \sqrt[4]{\frac{30'000 \cdot 1'043}{100}} = 23{,}6\ m$$

$$n_0 = \frac{35{,}0}{23{,}6} = 1{,}48 \longrightarrow n_1 = 1{,}0$$

$$\max(\gamma_L M) = 0{,}148\left(260{,}67 + \overset{189,35}{5{,}41 \cdot 35{,}0}\right) = 66{,}60\ MN$$

$$\max(\gamma_L \sigma_3) = 26{,}0\left(\frac{260{,}67}{12{,}5 \cdot 35^2} + \frac{5{,}41}{12{,}5 \cdot 35}\right) = 0{,}764\ MN/m^2$$

$0{,}01702 \qquad 0{,}01237$

9.1.2 örtlich

Baugrund = Feinsand, mitteldicht gelagert

$\gamma = 19\ kN/m^3 \qquad \varrho = 32{,}5° \qquad c = 0$

$\lambda_0 = 1 - \sin\varrho = 0{,}463$

$E_0' = 19 \cdot 35 \cdot 0{,}463 = 308\ kN/m^2 < \max(\gamma_L \sigma_B) = 767$

$\gamma_L N_\varphi = -767 \cdot \frac{12{,}50}{2} = -4\,790\ kN/m$

B 25 : $\beta_R = 17{,}5\ MN/m^2$

$\gamma_R = \frac{17{,}5 \cdot 2{,}50}{4{,}79} = 9{,}13 > 1{,}4$

9.2 Tragfähigkeit des Baugrunds

nach Herzog [3.1]

mitteldichter Sand : $p_s = 4\ MN/m^2$

$r_M = 0{,}04$ "

$N_u = 4{,}0 \cdot \frac{\pi}{4} \cdot 12{,}5^2 + 0{,}04 \cdot \pi \cdot 12{,}5 \cdot 35{,}0 =$

$= 491 + 55 = 546\ MN$

$\gamma_R = \frac{546}{186{,}56} = 2{,}92 > \frac{2{,}0}{1{,}4} = 1{,}43$ (2,0: η; 1,4: γ_L)

9.3 Setzung

$A = \frac{\pi}{4} \cdot 12{,}50^2 = 122{,}7\ m^2$

$$N = \frac{186,56}{1,3} = -143,5 \text{ MN}$$

$$p_s = \frac{143,5}{122,7} = 1,169 \text{ MN/m}^2$$

$$E_s = 100 \cdot \frac{35}{10} = 350 \text{ MN/m}^2$$

$$\delta = \frac{1,169}{350} \cdot 12,50 = 0,042 \text{ m}$$

9.4 Tragfähigkeit des unbewehrten Betonquerschnitts

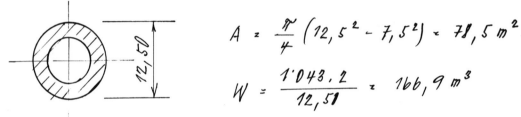

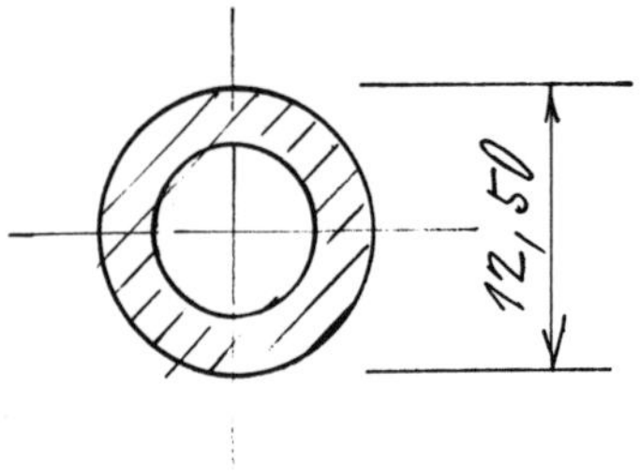

$$A = \frac{\pi}{4}\left(12,5^2 - 7,5^2\right) = 78,5 \text{ m}^2$$

$$W = \frac{1'043,2}{12,50} = 166,9 \text{ m}^3$$

$$\gamma_L \sigma_c = -\frac{186,56}{78,5} \pm \frac{66,60}{166,9} =$$

$$= -2,38 \pm 0,40 = \begin{matrix} -1,98 \\ -2,78 \end{matrix} \text{ MN/m}^2$$

$$\gamma_R = \frac{17,5}{2,78} = 6,29 > 1,4$$

10 Kastenfangedamm

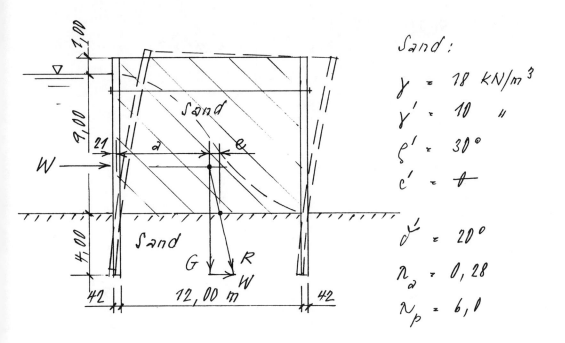

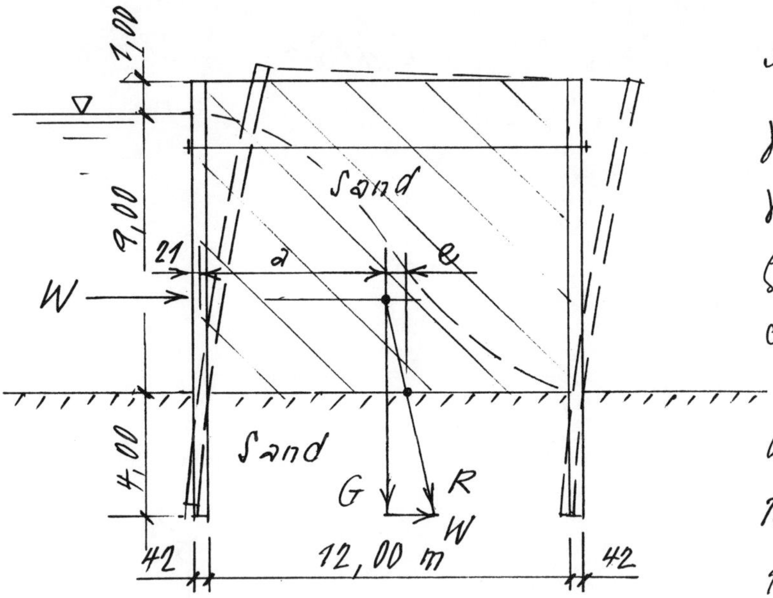

Sand:

$\gamma = 18$ kN/m³

$\gamma' = 10$ "

$\varrho' = 30°$

$c' = 0$

$\delta' = 20°$

$\lambda_a = 0,28$

$\lambda_p = 6,0$

10.1 Äußere Sicherheit

10.1.1 Bodenpressung

$10 \cdot 10,00 \cdot 12,42/2 = 621 \cdot 12,42/3 = 2'571$

$18 \cdot 10,00 \cdot 12,42/2 = 1'118 \cdot 12,42 \cdot 2/3 = 9'257$

Eigenlast $G = 1'739$ kN/m — $11'828$ kNm/m

$$a = \frac{11'828}{1'739} = 6,80 \text{ m}$$

Wasserdruck $W = 10 \cdot 9,00^2/2 = 405$ kN/m

$$e = \frac{405}{1'739} \cdot \frac{9,00}{3} = 0,70 \text{ m}$$

$$\sigma_B = \frac{1'739}{12,42}\left(1 \mp \frac{6 \cdot 1,29}{12,42}\right) = \begin{matrix} 53 \\ 227 \end{matrix} \text{ kN/m}^2$$

(above the fraction: 0,623)

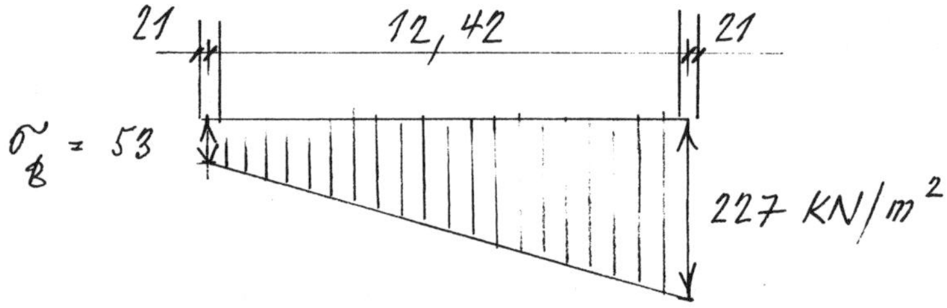

10.1.2 Gleitsicherheit

$$\eta = \frac{G}{W} \cdot \tan \varrho' = \frac{1'739}{405} \cdot 0{,}577 = 2{,}48 > 1{,}5$$

10.2 Innere Sicherheit

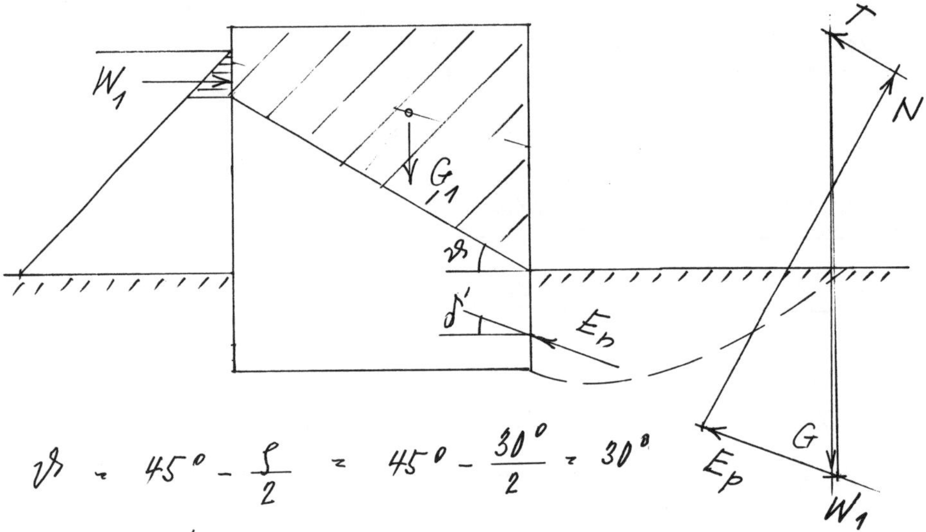

$$\vartheta = 45° - \frac{\varrho}{2} = 45° - \frac{30°}{2} = 30°$$

$$B \cdot \tan \delta' = 12{,}42 \cdot 0{,}577 = 7{,}16 \text{ m}$$

10.2.1 Lasten

$$G_1 = 18 \cdot \frac{2{,}84 + 10{,}00}{2} \cdot 12{,}42 = 1'435 \text{ KN/m}$$

$$W_1 = 10 \cdot (9{,}00 - 7{,}16)^2 / 2 = 17 \text{ KN/m}$$

$E_p = 10 \cdot 6{,}0 \cdot 4{,}0^2/2 = 480\ kN/m$

10.2.2 Schnittgrößen

graphisch: $N = 1'320\ kN/m$

$T = 250$ "

10.2.3 Schersicherheit

$$\eta = \frac{N}{T} \cdot \tan\varrho = \frac{1'320}{250} \cdot 0{,}577 = 3{,}05 > 1{,}3$$

10.3 Spundwand luftseitig

10.3.1 Lasten

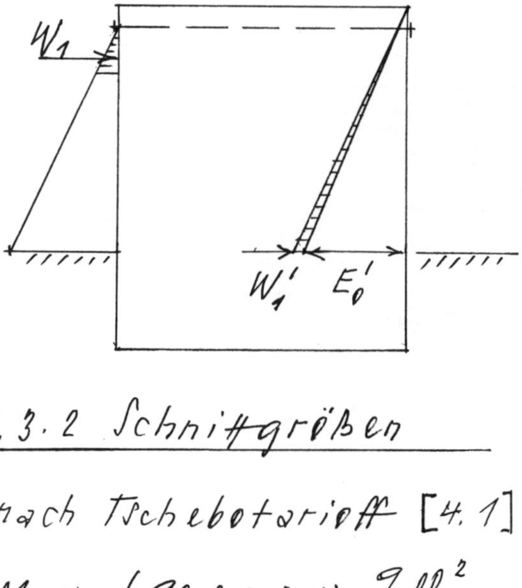

$E_0' = 18 \cdot 10{,}00 \cdot 0{,}50 =$

$= 90{,}0\ kN/m^2$

$W_1' = \frac{2 \cdot 17}{10{,}00} = 3{,}4\ kN/m^2$

10.3.2 Schnittgrößen

nach Tschebotarioff [4.1]: vgl. S. 13

$$M \simeq (90{,}0 + 3{,}4) \cdot \frac{9{,}00^2}{8} = 946\ kNm/m$$

$$A \simeq (90{,}0 + 3{,}4) \cdot \frac{10{,}00}{6} = 156\ kN/m$$

10.3.3 Tragfähigkeit

Larssen 430 St Sp 37 ; $\beta_s = 240\ MN/m^2$

$$\eta = \frac{24 \cdot 6'000}{94'600} = 1,52 > 1,5$$

10.4 Anker

10.4.1 Ankerstange

Ankerabstand $a = 3,00\ m$

$$A = 156 \cdot 3,00 = 468\ kN$$

2 ⌀ 50 St 37 - 3 : $\beta_s = 240\ MN/m^2$

$$\eta = \frac{24 \cdot 2 \cdot 14,35}{468} = 1,47 \sim 1,5$$

10.4.2 Holm (Verteilbalken)

$A = 156\ kN/m$

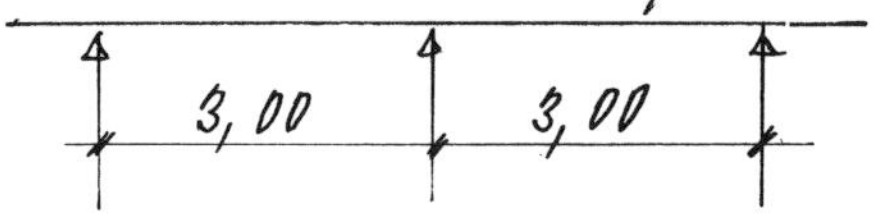

$$M = -156 \cdot \frac{3,00^2}{12} = -117\ kNm$$

2 [260 St 37 - 2 : $\beta_s = 240\ MN/m^2$

$$\eta_M = \frac{24 \cdot 2 \cdot 371}{11'700} = 1,52 > 1,5$$

$$Q = 156 \cdot 3,00/2 = 234\ kN$$

$$\eta_Q = \frac{24 \cdot 2 \cdot 1,0 \cdot 20,1}{\sqrt{3} \cdot 234} = 2,38 > 1,5$$

11 Kaimauer auf Pfahlrost

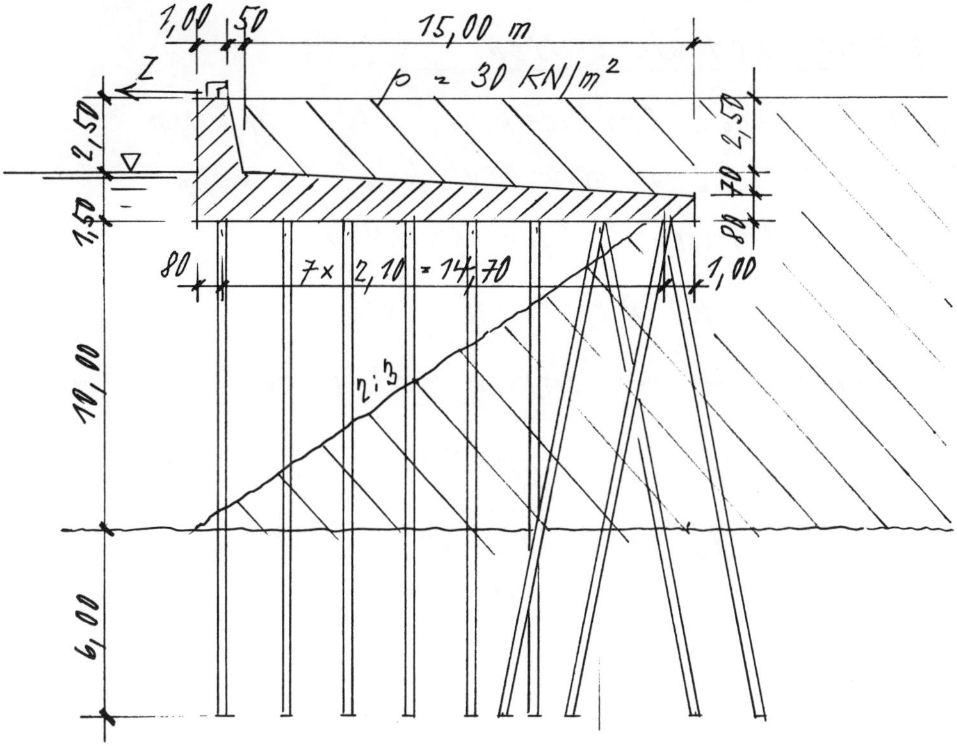

Baugrund und Hinterfüllung = Sand:

$\gamma = 18\ kN/m^3 \quad \gamma' = 10\ kN/m^3 \quad \varrho = 30° \quad c = 0$

11.1 Pfahlrost

11.1.1 vertikale Lasten

Verkehrslast		$30{,}0\ kN/m^2$
Auffüllung	$18 \cdot 2{,}50 =$	$45{,}0$ "
Stahlbetonplatte	$(25-10) \cdot 1{,}50 =$	$22{,}5$ "
		$97{,}5\ kN/m^3$

Pfahlraster $2{,}10 \times 2{,}10$ m

je Pfahl $V_1 = 97{,}5 \cdot 2{,}10^2 = 430$ kN

11.1.2 horizontale Lasten

Wind auf den Entladekran $W = 17$ kN/m

Pollerzug $Z = 1000$ kN bzw. 100 kN/m

Ruhe-Erddruck $E_0 = 52$ kN/m

$\Sigma H = 17 + 100 + 52 = 169$ kN/m

Verteilt auf 4 Schrägpfähle $H_1 = \frac{169}{4} = 42$ kN/m

Normalkraft 1 Schrägpfahls

$N_1 = \sqrt{V_1^2 + H_1^2} = \sqrt{430^2 + 42^2} = 432$ kN

184'900 1'764

11.1.3 Tragfähigkeit eines Rammpfahls

Spannbetonrammpfähle 40 x 40 cm Querschnitt

Einbindetiefe im Sand 6,00 m

nach Herzog [3.1]

$N_u = \overset{640}{4'000 \cdot 0{,}40^2} + \overset{384}{40 \cdot 4 \cdot 0{,}40 \cdot 6{,}00} = 1'024$ kN

$\eta = \frac{1'024}{432} = 2{,}37 > 2{,}0$

11.2 Stahlbetonplatte

11.2.1 Biegung

nach Herzog [8.1]

$\frac{b}{a} = \frac{40 + 80}{210} = 0{,}57$

$$M = \frac{2,9}{16\pi} \cdot 432 = 24,9 \text{ kNm/m}$$

B 35 : $\beta_R = 23 \text{ MN/m}^2$ BSt 420

$d/h = 80/75$ cm

$$A_s = \frac{1,75 \cdot 24,9}{42 \cdot 0,95 \cdot 0,75} = 1,5 \text{ cm}^2/\text{m}$$

$$\min A_s = 0,15 \cdot 80 = 12,0 \text{ cm}^2/\text{m}$$

(ϕ 20, a = 20 cm : 15,7 ")

11.2.2 Durchstanzen

nach Herzog [8.2]

$$\frac{\mu \beta_s}{\beta_R} = \frac{0,209}{100} \cdot \frac{420}{23} = 0,0382$$

$$\frac{\tau_u}{\beta_R} = \frac{1,6 \cdot 0,0382}{1 + 16 \cdot 0,0382} = 0,0379$$

$$Q_u = 0,0379 \cdot 2,3 \cdot 4,75 (40 + 75) = 3'007 \text{ kN}$$

$$\eta = \frac{3'007}{432} = 6,96 > 2,1$$

11.3 Kaimauer

$$M = 1000 \cdot 0,465 = 465 \text{ kNm/m}$$

$d/h = 1,50 / 1,45$ m

$$A_s = \frac{1,75 \cdot 465}{42 \cdot 0,95 \cdot 1,45} = 14,1 \text{ cm}^2/\text{m}$$

$$\min A_s = 0{,}15 \cdot 150 = 22{,}5\ \text{cm}^2/\text{m}$$

$$(\phi\, 24,\ a = 20\ \text{cm}:\ 22{,}6\ \text{"}\ )$$

$$Q = \frac{465}{2{,}50} = 186\ \text{kN/m}$$

$$\tau = \frac{1{,}75 \cdot 186}{0{,}95 \cdot 1{,}45} = 236\ \text{kN/m}^2 < \tau_{u0} = \sqrt{\frac{23}{10}} = 1{,}52\ \text{MN/m}^2$$

12 Kai mit verankerter Spundwand

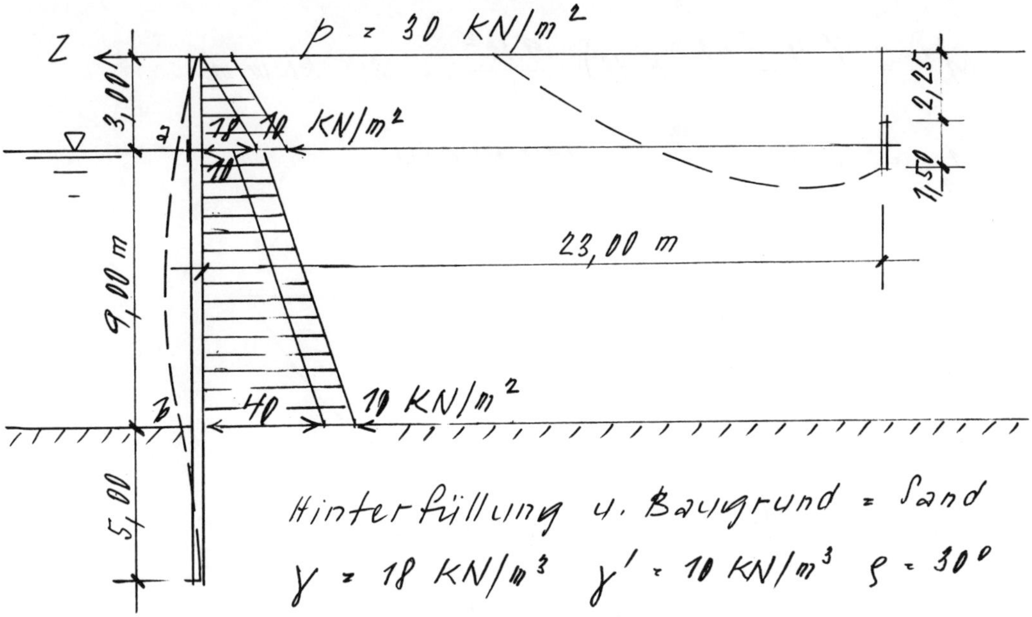

Hinterfüllung u. Baugrund = Sand

γ = 18 KN/m³ γ' = 10 KN/m³ ϱ = 30°

c = 0 λ_a = 0,333

12.1 Spundwand

nach Tschebotarioff [4.1] vgl. S. 13

12.1.1 Lasten

Verkehrslast	30 . 0,333 =	10	KN/m²
Hinterfüllung	18 . 0,333 . 3,00 =	18	"
	10 . 0,333 . 3,00 =	10	"
	10 . 0,333 . 12,00 =	40	"

Pollerzug Z = 100 KN/m

12.1.2 Schnittgrößen

$$M_a = -\overset{300}{100 \cdot 3{,}00} - 3{,}00^2 \overset{72}{\left(\frac{18}{6} + \frac{10}{2}\right)} = -372 \text{ kNm/m}$$

$$M^0 = \left(\frac{10+40}{2} + 10\right) \cdot \frac{9{,}00^2}{8} = 355 \text{ kNm/m}$$

$$M_1 = 355 - \frac{72}{2} = 319 \text{ kNm/m}$$

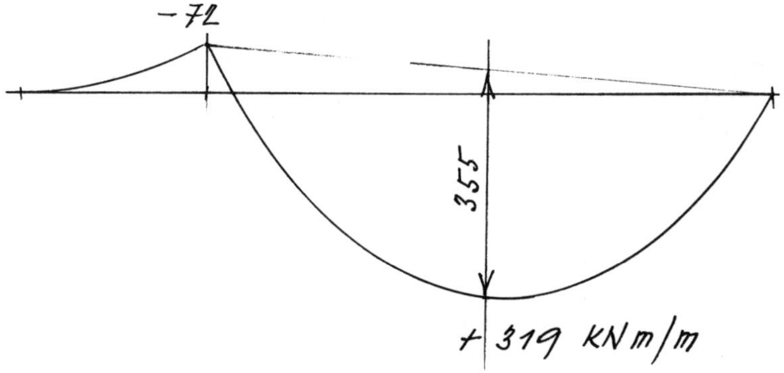

$$Q_{ar} = -100 - 3{,}00\left(\frac{18}{2} + 10\right) = -157 \text{ kN/m}$$

$$Q_{al} = \left(\frac{10+25}{2} + 10\right) \cdot \frac{9{,}00}{2} = 124 \text{ "}$$

$$Q_{br} = -\left(\frac{25+40}{2} + 10\right) \cdot \frac{9{,}00}{2} = -191 \text{ "}$$

12.1.3 Tragfähigkeit

Larssen 606 St Sp 37 : $\beta_S = 240 \text{ MN/m}^2$

$$\eta_M = \frac{24 \cdot 2'500}{37'200} = 1{,}61 > 1{,}5$$

$$\eta_Q = \frac{24 \cdot 2 \cdot 0{,}92 \cdot 43{,}5}{\sqrt{3} \cdot 0{,}60} = 1{,}85 > 1{,}5$$

12.2 Anker

12.2.1 Ankerstangen

$A' = Q_{ar} + Q_{all} = 157 + 124 = 281$ kN/m

Ankerabstand $a = 3{,}00$ m

$A = 281 \cdot 3{,}00 = 843$ kN

2 ⌀ 70

St 37 : $\beta_S = 240$ MN/m²

$$\eta = \frac{24 \cdot 2 \cdot 28{,}1}{843} = 1{,}60 > 1{,}5$$

12.2.2 Ankerplatte

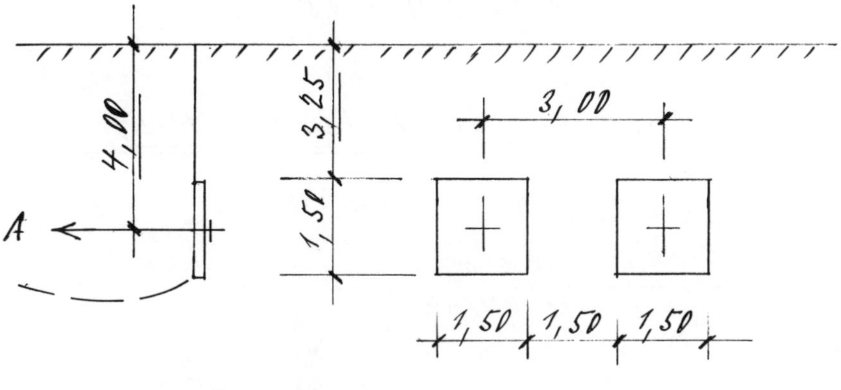

nach Buchholtz [12.1]

$$\frac{H}{h} = \frac{4{,}75}{1{,}50} = 3{,}17 \longrightarrow \lambda_p = 4{,}9$$

$$\lambda'_p = 8{,}2$$

$$E_p = \frac{18 + 10}{2} \cdot \frac{4{,}75^2}{2} \cdot 8{,}2 \cdot 1{,}50 = 1\,943 \text{ kN}$$

$$\eta = \frac{E_p}{A} = \frac{1\,943}{843} = 2{,}30 > 2{,}0$$

12.2.3 Holm (Verteilbalken)

$A' = 281\ kN/m$

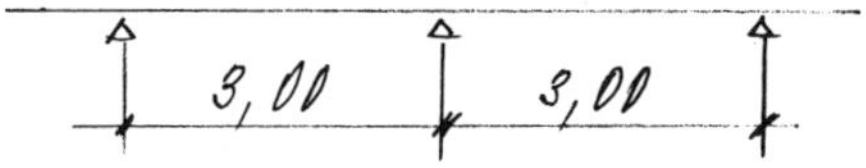

$$M = -281 \cdot \frac{3{,}00^2}{12} = -211\ kNm$$

2 [380 — St 37 : $\beta_s = 240\ MN/m^2$

$$\eta_M = \frac{24 \cdot 2 \cdot 829}{21'100} = 1{,}88 > 1{,}5$$

$$Q = 281 \cdot \frac{3{,}00}{2} = 421\ kN$$

$$\eta_Q = \frac{24 \cdot 2 \cdot 1{,}35 \cdot 31{,}3}{\sqrt{3} \cdot 421} = 2{,}78 > 1{,}5$$

12.3 Rutschsicherheit der tiefen Gleitfuge

nach Kranz [12.2] bzw Herzog [12.3]

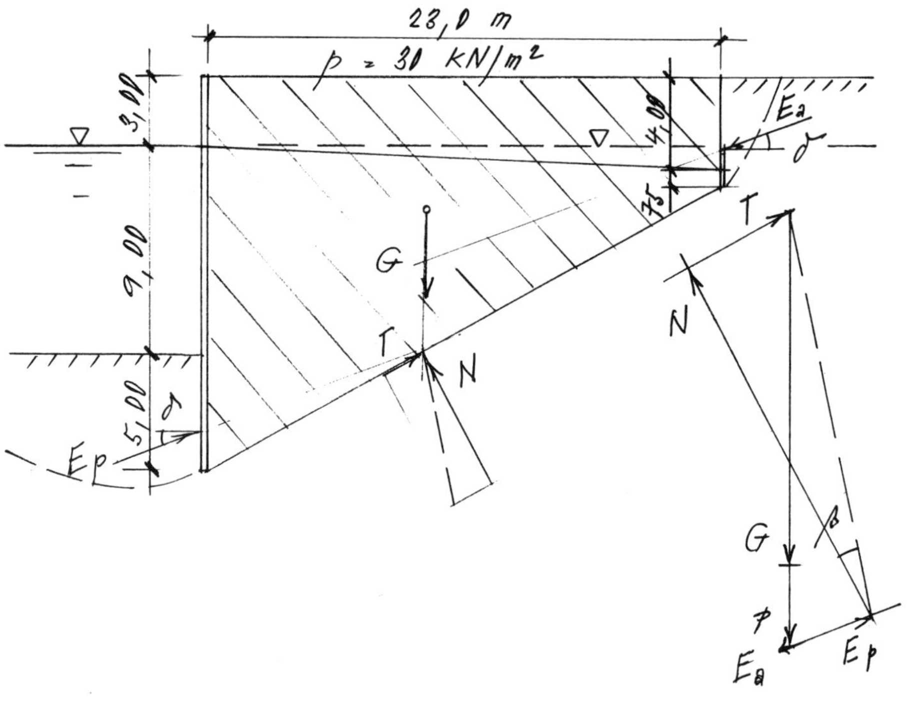

12.3.1 Lasten

Verkehrslast	$p = 23{,}0 \cdot 30$	$=$	690 kN/m
Eigenlast	$23{,}0 \cdot 3{,}00 \cdot 18$	$=$	1'242 "
	$23{,}0 \cdot 1{,}75 \cdot 10$	$=$	403 "
	$23{,}0 \cdot \frac{12{,}25}{2} \cdot 10$	$=$	1'409 "
Rutschkörper	G	$=$	3'054 kN/m

$E_a = 18 \cdot 0{,}30 \cdot 4{,}75^2/2 = 61$ kN/m

$E_p = 10 \cdot 6{,}67 \cdot 5{,}00^2/2 = 134$ "

12.3.2 Schnittgrößen

aus Krafteck: $N = 3'390$ kN/m

$T = 1'020$ "

12.3.3 Rutschsicherheit

$\tan \varrho' = 0{,}577$

$$\eta = 0{,}577 \cdot \frac{3'390}{1'020} = 1{,}92 > 1{,}5$$

13 Schwimmkastenkai

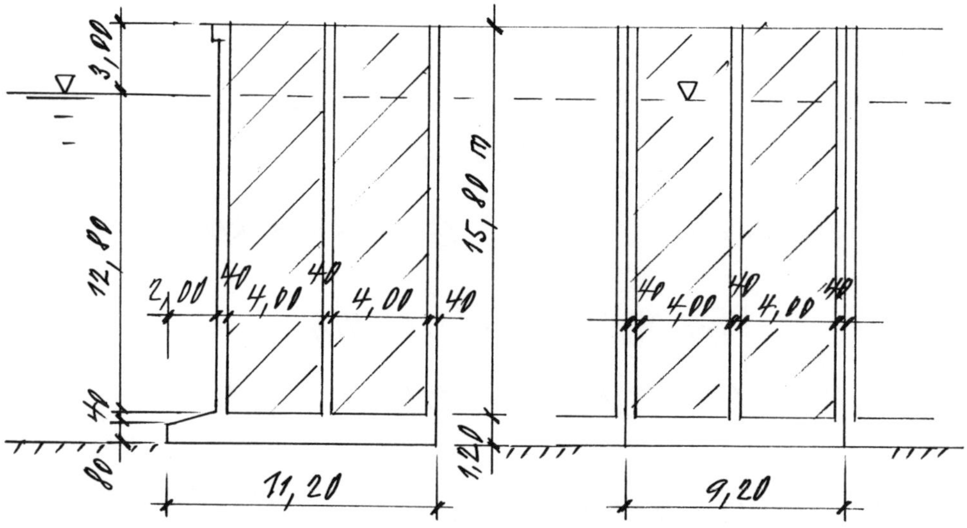

13.1 Lasten

Wände $9{,}20 \cdot 1{,}20 \cdot 15{,}80 \cdot 25 = 4'360$ kN

$8{,}00 \cdot 1{,}20 \cdot 15{,}80 \cdot 25 = 3'790$ "

Boden $9{,}20 \cdot 11{,}20 \cdot 1{,}20 \cdot 25 = 3'090$ "

– Eigenlast leer $G_0 = 11'240$ kN

– Sandfüllung $G_S = 4 \times 4{,}00^2 \cdot 15{,}80 \cdot 18 = 18'200$ kN

13.2 Auftrieb

– Eintauchtiefe beim Einschwimmen

$$T = \frac{11'240 - \overset{1'240}{9{,}20 \cdot 11{,}20 \cdot 1{,}20 \cdot 10}}{9{,}20^2 \cdot 10} + 1{,}20 =$$

$$= 11{,}81 + 1{,}20 = 13{,}01 \text{ m} < H_W = 14{,}00 \text{ m}$$

- im abgesenkten Zustand

Boden		1'240 kN
Wände	$9{,}20^2 \cdot 12{,}80 \cdot 10$ =	10'830 "
Auftrieb		$A = 12'070\ kN < G_b + G_s$

13.3 Resultierende

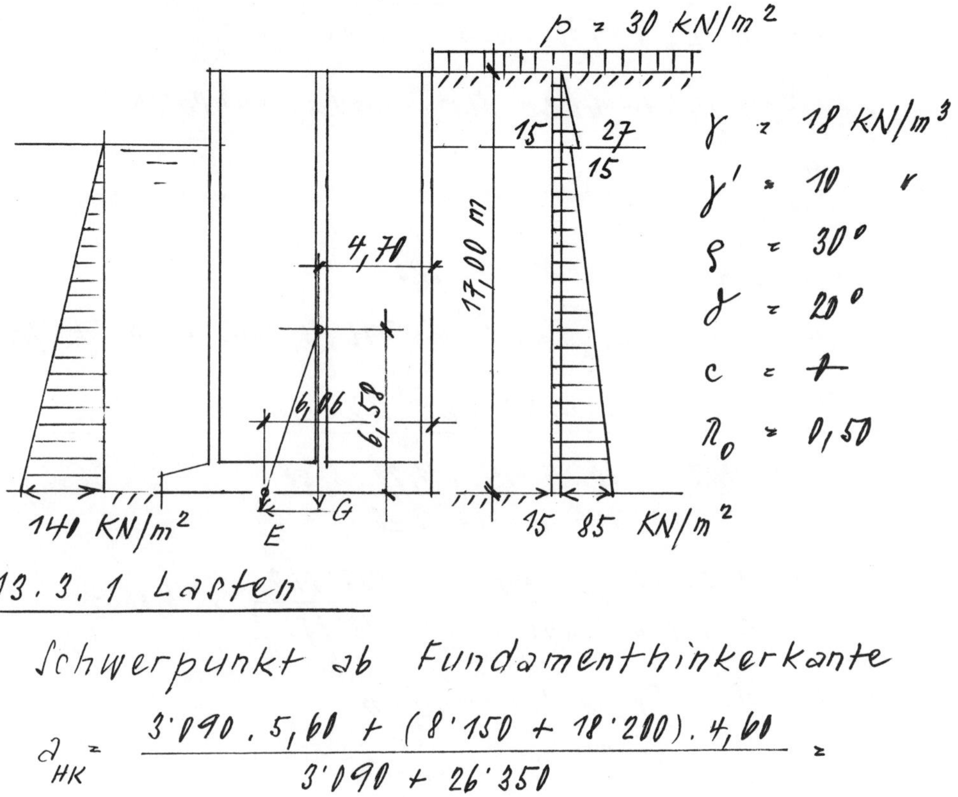

13.3.1 Lasten

Schwerpunkt ab Fundamenthinterkante

$$a_{HK} = \frac{3'090 \cdot 5{,}60 + (8'150 + 18'200) \cdot 4{,}60}{3'090 + 26'350} =$$

$$= \frac{17'300 + 121'210}{29'440} = 4{,}70\ m$$

Erddruck $18 \cdot 3{,}00 \cdot 0{,}50 = 27\ kN/m^2$

$10 \cdot 3{,}00 \cdot 0{,}50 = 15$ "

$10 \cdot 17{,}00 \cdot 0{,}50 = 85$ "

Erddruck infolge Verkehrslast $30 \cdot 0{,}50 = 15\ kN/m^2$

Wasserdruck $10 \cdot 14{,}00 = 140\ kN/m^2$

$$15 \cdot 17{,}00 = 255 \cdot 8{,}50 = 2'170$$
$$27 \cdot 3{,}00/2 = 41 \cdot 15{,}00 = 620$$
$$15 \cdot 14{,}00 = 210 \cdot 7{,}00 = 1'470$$
$$85 - 15 = 70 \cdot 14{,}00/2 = 490 \cdot 4{,}67 = 2'290$$

Ruhedruck $E_0 = 996\ kN/m$ $\quad 6'550\ kNm/m$

Angriffspunkt über der Fundamentsohle

$$a_{FS} = \frac{6'550}{996} = 6{,}58\ m$$

Wandreibung $\tan\delta = 0{,}364$

$$E_0 \cdot \tan\delta = 996 \cdot 0{,}364 = 363\ kN/m$$

13.3.2 Durchstoßpunkt der Resultierenden

$$a_{HK} = \frac{29'440 \cdot 4{,}70 + 996 \cdot 9{,}20 \cdot 6{,}58}{29'440 + 363 \cdot 9{,}20} =$$

$$= \frac{138'370 + 60'290}{29'440 + 3'340} = \frac{198'660}{32'781} = 6{,}06\ m$$

Ausmitte der Resultierenden

$$e = 6{,}06 - \frac{11{,}20}{2} = 0{,}46\ m$$

13.3.3 Bodenpressung

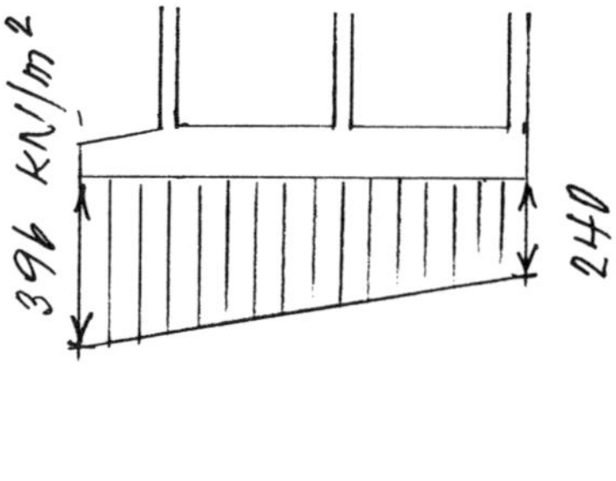

$$\sigma_B = \frac{32'780}{9{,}2 \cdot 11{,}2}\left(1 \pm \frac{6 \cdot 0{,}46}{11{,}2}\right)$$

$$= 318(1 \pm 0{,}246) = \begin{matrix}396\\240\end{matrix}\ kN/m^2$$

13.3.4 Gleitsicherheit

Beton auf Sand: $f = 0{,}6$

$$\eta = 0{,}6 \cdot \frac{32\,780}{9\,160} = 2{,}15 > 1{,}5$$

13.4 Stahlbetonbemessung

13.4.1 Wände

– Wasserdruck von außen:

$$p_a = 10 \cdot 12{,}80 = 128 \text{ kN/m}^2$$

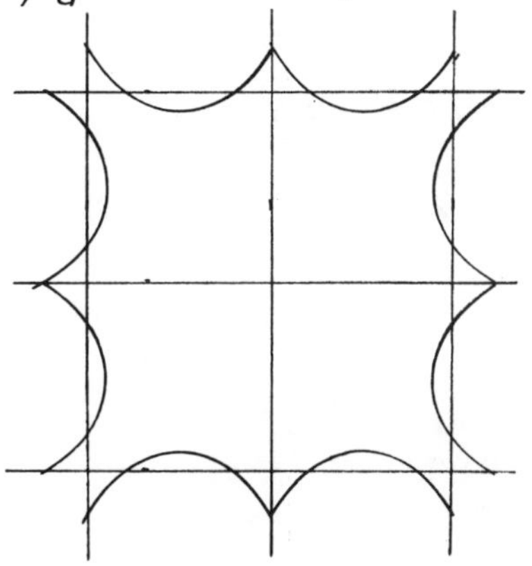

$$M_{Eck} = -128 \cdot \frac{4{,}00^2}{12} = -171 \text{ kNm/m}$$

$$M_{Feld} = 128 \cdot \frac{4{,}00^2}{24} = 85 \text{ ''}$$

$$Q = 128 \cdot \frac{4{,}00 - 0{,}35}{2} = 234 \text{ kN/m}$$

$$N = -128 \cdot 2{,}40 = -307 \text{ kN/m}$$

B 35: $\beta_R = 23 \text{ MN/m}^2$ BSt 420

$d/h = 40/35$ cm

$$e = \frac{171}{307} + \frac{0{,}35 - 0{,}05}{2} + \underset{\text{ungewollt}}{0{,}02} =$$

$$= 0{,}56 + 0{,}15 + 0{,}02 = 0{,}73 \text{ m} > h - h' = 0{,}30 \text{ m}$$

Festigkeit der Zugzone maßgebend

$$M_e = 171 + \overset{46}{307 \cdot 0{,}15} = 217 \text{ kNm/m}$$

$$A_s = \frac{1,75 \cdot 217}{42 \cdot 0,95 \cdot 0,35} - \frac{1,75 \cdot 307}{42} =$$

$$= 27,2 - 12,8 = 14,4 \text{ cm}^2/\text{m}$$

(ϕ 16, a = 30 cm + ϕ 18, a = 30 cm : 15,1 cm²/m)

$$\tau = \frac{1,75 \cdot 234}{0,95 \cdot 0,35} = 1'232 \text{ kN/m}^2 < \tau_u = \frac{23}{3} = 7,67 \text{ MN/m}^2$$

$$A_w = \frac{0,5 \cdot 1,75 \cdot 234}{42 \cdot 0,95 \cdot 0,35} = 14,7 \text{ cm}^2/\text{m}$$

(Bügel □ 2 ϕ 12, a = 15 cm : 15,1 cm²/m)

- Erddruck von innen (Silowirkung)

  Wandreibung tan 20° = 0,364

$$p_i = \frac{18 \cdot 4,00}{4 \cdot 0,364} = 55 \text{ kN/m}^2 < p_a = 128 \text{ kN/m}^2$$

  nicht maßgebend!

13.4.2 Fundamentplatte

- Fundamentvorsprung

$$M = 2,00^2 \left(\frac{368}{2} + \frac{28}{3}\right) = 772 \text{ kNm/m}$$

  B 35: β_R = 23 MN/m² BSt 420

  d/h = 1,20/1,15 m (Biegung) bzw. 1,12/1,07 m (Schub)

$$A_s = \frac{1,75 \cdot 772}{42 \cdot 0,95 \cdot 1,15} = 29,5 \text{ cm}^2/\text{m}$$

(ϕ 24, a = 15 cm : 30,2 cm²/m)

$$Q = 1{,}40\left(376 + \frac{20}{2}\right) = 540 \ kN/m$$

$$Q_{red} = 540 - \underbrace{\frac{378}{1{,}07} \cdot \frac{40}{200}}_{-71} = 469 \ kN/m$$

$$\tau = \frac{1{,}75 \cdot 469}{0{,}95 \cdot 1{,}07} = 807 \ kN/m^2 < \tau_u = \frac{23}{3} = 7{,}67 \ MN/m^2$$

$$A_W = \frac{0{,}5 \cdot 1{,}75 \cdot 469}{42 \cdot 0{,}95 \cdot 1{,}07} = 9{,}6 \ cm^2/m$$

(Bügel $\square$ $2 \phi 18$, $a = 45$ cm : $11{,}3$ cm^2/m)

14 Offener Senkkasten

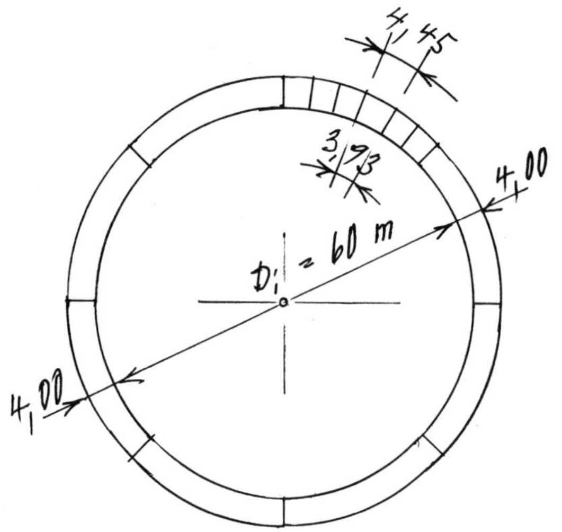

Die Stahlkonstruktion wird nach dem Absenken ausbetoniert

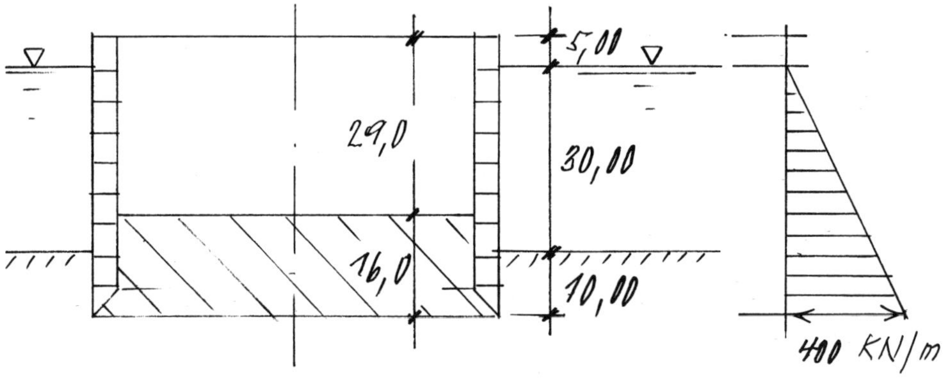

14.1 Eigenlast und Auftrieb

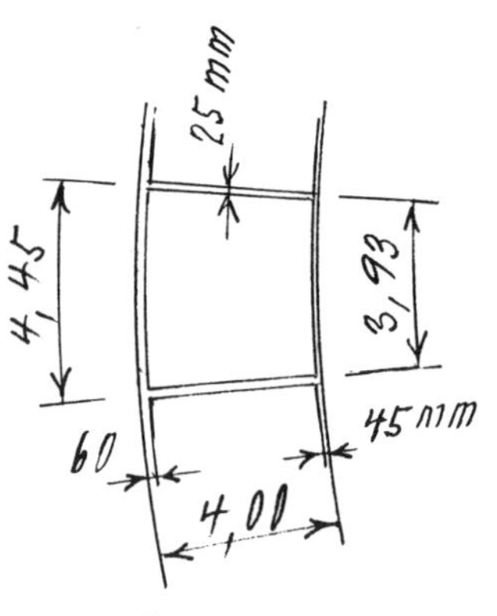

Stahlquerschnitt einer Zelle:

$4{,}45 \cdot 0{,}060 = 0{,}267$

$3{,}93 \cdot 0{,}045 = 0{,}177$

$3{,}91 \cdot 0{,}025 = 0{,}098$

i.M. $A_s = 0{,}542 \ m^2$

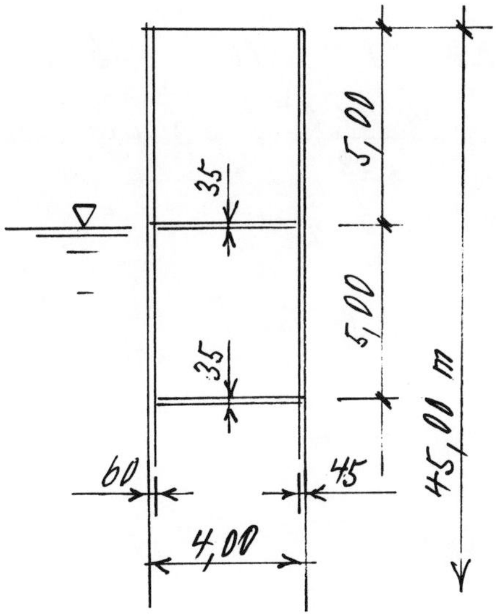

Eigenlast einer Zelle :

– Wände	0,542 . 45,0 . 78,5	=	1'915 KN
– Schotte	9 × 3,91 . 4,19 . 0,035 . 78,5	=	415 "
		G_S =	2'320 KN

Eintauchtiefe ohne Ballast:

$$T = \frac{2'320}{4{,}00 \cdot 4{,}19 \cdot 10} + \frac{5{,}00}{2} = 13{,}84 + 2{,}50 = 16{,}34 \text{ m}$$

Absenken durch Ausbetonieren der Zellen

14.2 Sohlverschluß

Unterwasserbeton	16,00 . 24	=	384 kN/m^2
Senkkasten	4,00 . 4,19 . 42,5 . 24 / 17,00	=	1'006 "
vertikale Last			1'390 kN/m^2
Auftrieb	– 40 . 10	=	– 400 "

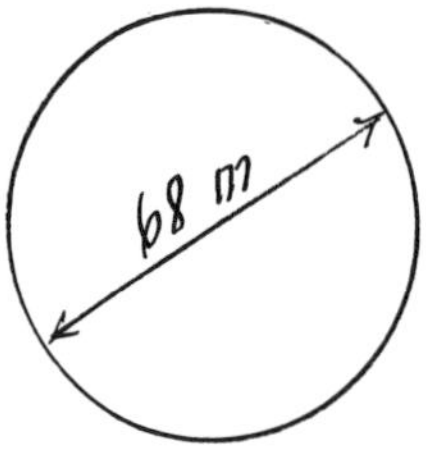

Restauftrieb 384 - 400 = - 16 kN/m²

$$M_r = M_t = - \frac{16 \cdot 34,0^2}{5,33} = - 3'470 \text{ kNm/m}$$

$$d/h = 16,0 / 15,7 \text{ m}$$

$$B\ 25: \beta_R = 17,5 \text{ MN/m}^2 \qquad BSt\ 420$$

$$A_s = \frac{1,75 \cdot 3'470}{42 \cdot 0,95 \cdot 15,7} = 9,7 \text{ cm}^2/\text{m}$$

$$(\phi\ 20,\ a = 30 \text{ cm}: \ 10,5 \text{ cm}^2/\text{m})$$

14.3 Stahlkonstruktion

14.3.1 Außenwand

$$N_\varphi = p R_a = - 400 \cdot 34,0 = - 13'600 \text{ kN/m} \quad \text{Druck}$$

$$\boxed{t = 100 \text{ mm}} \qquad St\ 52: \beta_s = 360 \text{ MN/m}^2$$

Beulen nach DASt - Richtlinie 013

$$\frac{R}{t} = \frac{34'000}{100} = 340$$

$$\frac{L}{R} = \frac{5'000}{34'000} = 0,147 < \frac{20}{\sqrt{340}} = 1,084$$

$$\frac{L}{R}\sqrt{\frac{R}{t}} = 0,147\sqrt{340} = 2,71$$

Lagerungsfall 1 : $C = 2,0$

$$\sigma_e = \alpha \sigma_{Ki} = 0,64 \cdot 2,0 \cdot 210'000 \cdot \frac{34}{5} \cdot \underbrace{0,00294^{3/2}}_{0,0001594} =$$

$$= 291 \text{ MN/m}^2 > 0,4 \cdot 360 = 144$$

$$\bar{\lambda}_s = \sqrt{\frac{360}{291}} = 1{,}113$$

$$\sigma_u = 360\left[1 + 0{,}555\underbrace{(0{,}50 - 1{,}113)}_{-0{,}340}\right] = 238\ MN/m^2$$

$$\gamma = \frac{238 \cdot 0{,}100}{13{,}6} = 1{,}75 > 1{,}71$$

14.3.2 Innenwand

$$N_\varphi = 400 \cdot 30{,}0 = 12'000\ kN/m\ \text{Zug}$$

$t = 75\ mm$ St 37 ; $\beta_s = 240\ MN/m^2$

$$\gamma = \frac{240 \cdot 0{,}075}{12{,}0} = 1{,}50\ \text{i.O.}$$

14.3.3 Vertikalschott

Deutscher Ausschuß für Stahlbeton, H. 135:
Schalungsdruck beim Betonieren
max $p = 40\ kN/m^2$

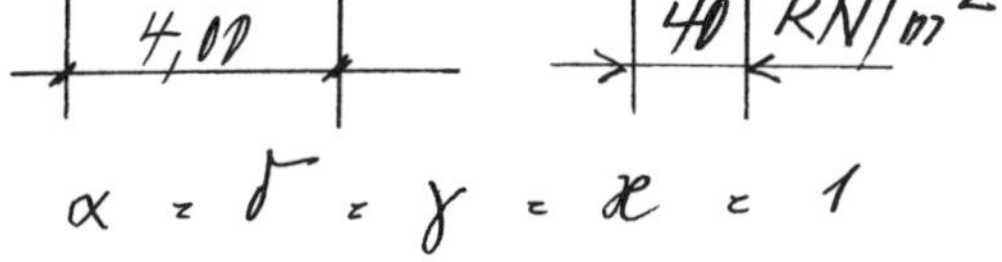

nach Herzog [14.2]

$$\lambda = \frac{5{,}00}{4{,}00} = 1{,}25$$

$$\alpha = \delta = \gamma = \varkappa = 1 \qquad \varepsilon = 0$$

$$\eta = \frac{2}{2\sqrt{1+1}} = 0{,}707$$

$$\xi = \frac{2 \cdot 1{,}25}{\sqrt{1+1} + \sqrt{1}} = 1{,}035$$

$$\frac{M}{pL^2} = \frac{0{,}707^2}{24}\Bigg[\underbrace{\sqrt{3+\left(\frac{0{,}707}{1{,}035}\right)^2}}_{1{,}863} \underbrace{- \frac{1{,}707}{1{,}035}}_{-0{,}683}\Bigg]^2 = \frac{1}{34{,}48}$$

$$M = \frac{40 \cdot 4{,}0^2}{34{,}48} = 18{,}6 \text{ kNm/m}$$

$$\boxed{t = 25 \text{ mm}} \qquad \text{St 37}: \ \beta_s = 240 \text{ MN/m}^2$$

$$W_{pl} = \frac{2{,}5^2}{4} = 1{,}56 \text{ cm}^3/\text{cm}$$

$$\gamma = \frac{24 \cdot 1{,}56}{18{,}6} = 2{,}01 > 1{,}5$$

14.3.4 Horizontalschott

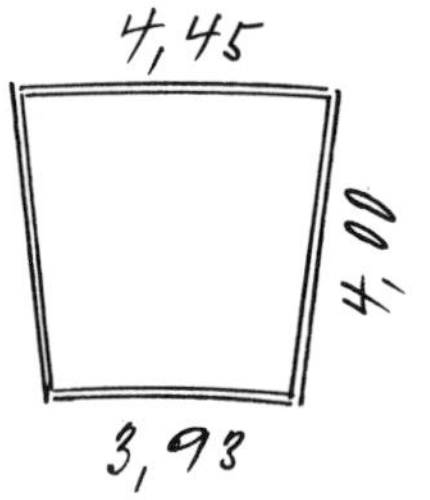

$$\text{Frischbeton } p = 24 \cdot 5{,}00 = 120 \text{ kN/m}^2$$

$$\lambda = \frac{4{,}19}{4{,}00} = 1{,}05$$

$$\alpha = \delta = \gamma = \varkappa = \varepsilon = 1$$

$$\eta = \frac{2}{2\sqrt{1+1}} = 0{,}707$$

$$\xi = \frac{1{,}05}{\sqrt{1+1}} = 0{,}742$$

$$\frac{M}{pL^2} = \frac{0{,}707^2}{24}\Bigg[\underbrace{\sqrt{3+\left(\frac{0{,}707}{0{,}742}\right)^2}}_{1{,}980} \underbrace{- \frac{0{,}707}{0{,}742}}_{-0{,}952}\Bigg]^2 = \frac{1}{45{,}43}$$

$$M = \frac{120 \cdot 4{,}0^2}{45{,}43} = 42{,}3 \text{ kNm/m}$$

$$\boxed{t = 35 \text{ mm}} \qquad \text{St 37}: \ \beta_s = 240 \text{ MN/m}^2$$

$$W_{pl} = \frac{3{,}5^2}{4} = 3{,}06 \text{ cm}^3/\text{cm}$$

$$\gamma = \frac{24 \cdot 3{,}06}{42{,}3} = 1{,}73 > 1{,}5$$

14.4 Absenkvorgang

Senkkasten ausbetoniert	$4{,}00 \cdot 42{,}5 \cdot 26$	$= 4'420$ kN/m
Auftrieb	$4{,}00 \cdot 42{,}5 \cdot 10$	$= -1'700$ "
Mantelreibung	$30 \cdot 10{,}0$	$= -300$ "
Spitzenwiderstand	$3'000 \cdot 0{,}30$	$= -900$ "
		$-2'900$ kN/m

$$\eta = \frac{4'420}{2'900} = 1{,}52 > 1{,}5$$

15 Druckluftsenkkasten

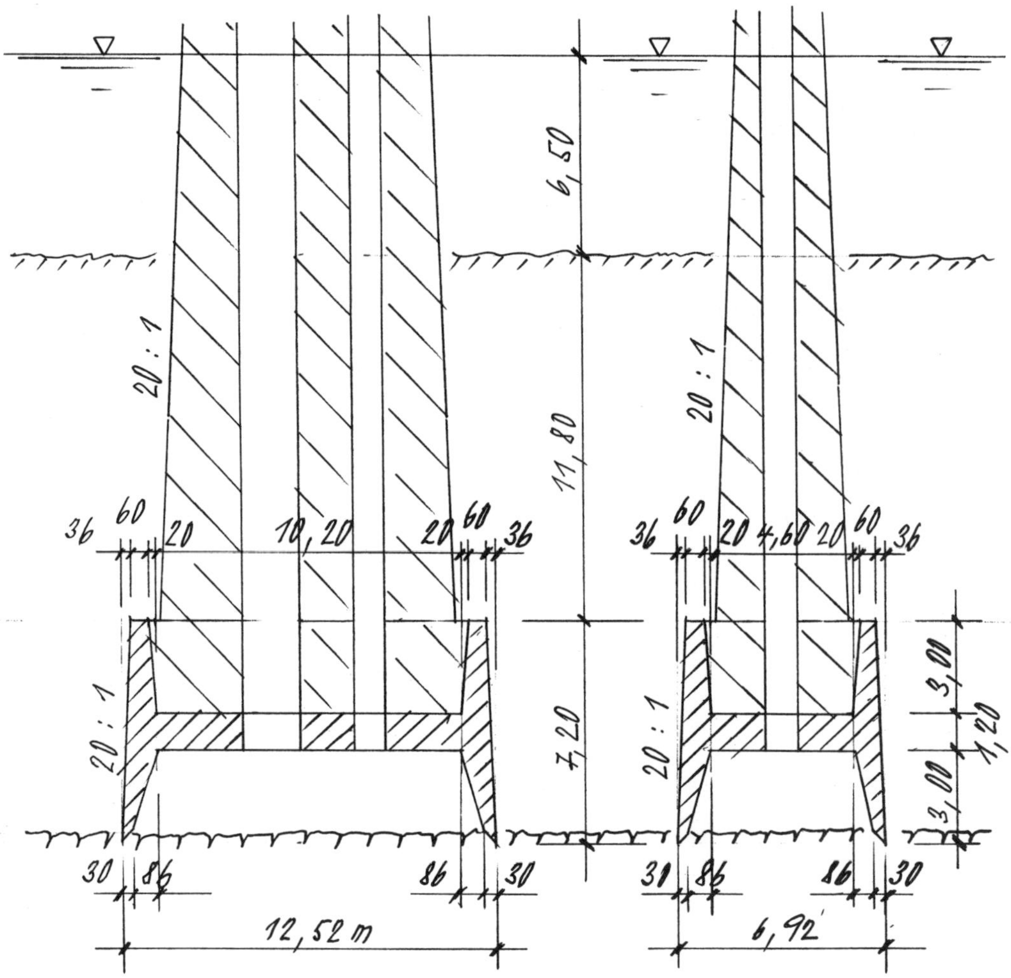

15.1 Lasten im Endzustand

Pfeilerschaft (Höhe 25,0 m über Senkkasten)

$$(9{,}80 - \underset{-1{,}25}{25{,}0/2})(4{,}20 - \underset{-1{,}25}{25{,}0/20}) \cdot 25{,}0 \cdot 24 = 15'134 \text{ kN}$$

Erdreich (11,8 m über Senkkasten)

$$(\underset{73{,}16}{11{,}80 \cdot 6{,}20} - \underset{-33{,}25}{9{,}21 \cdot 3{,}61}) \cdot 11{,}8 \cdot 20 = 9'419 \text{ "}$$

Senkkasten $12{,}01 \cdot 6{,}41 \cdot 4{,}20 \cdot 24 = 7'760$ "

$2(11{,}64 + 6{,}04) \cdot 2{,}70 \cdot 0{,}73 \cdot 24 = 1'673$ "

– Arbeitskammer leer $G = 33'986$ kN

Senkkasten	$12,16 \cdot 6,56 \cdot 6,90 \cdot 10$	=	− 5'504 kN
Pfeiler	$8,88 \cdot 3,28 \cdot 18,30 \cdot 10$	=	− 5'330 "

– ~~Auftrieb~~ $A = -10'834$ kN

– Schneidenlast

$U = 2(12,22 + 6,62) = 37,68$ m

$$p_s = \frac{33'986 - 10'834}{0,30 \cdot 37,68} = 2'048 \text{ kN/m}^2$$

– Luftdruck in der Arbeitskammer

$$p_i = 1,10(7,20 + 11,80 + 6,50) \cdot 10 = 281 \text{ kN/m}^2$$

15. 2 Absenken

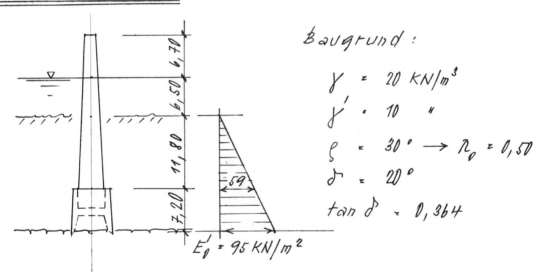

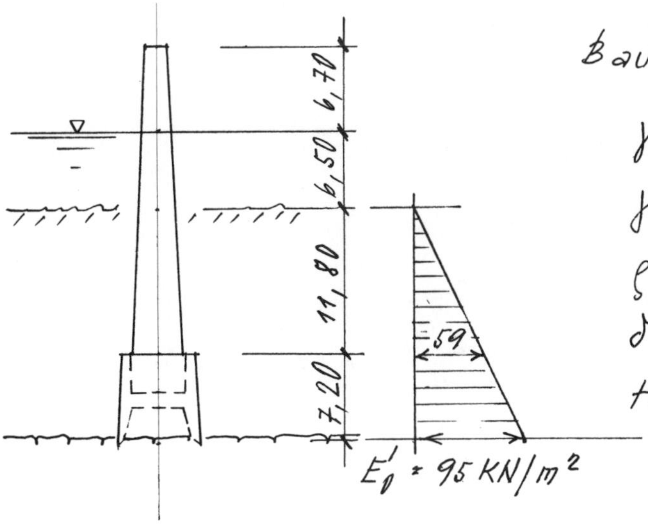

Baugrund:

$\gamma = 20$ kN/m³

$\gamma' = 10$ "

$\varphi = 30° \rightarrow \lambda_0 = 0,50$

$\delta = 20°$

$\tan \delta = 0,364$

Ruhe-Erddruck

$(20 - 10) \cdot 0,50 \cdot 11,80 = 59$ kN/m²

$(20 - 10) \cdot 0,50 \cdot 19,00 = 95$ "

$$\text{Pfeilerschaft} \quad 2(9{,}21+3{,}61) \cdot 11{,}80 \cdot \frac{59}{2} \cdot 0{,}364 = 3'002 \text{ kN}$$

$$\text{Senkkasten} \quad 2(12{,}16+6{,}56) \cdot 7{,}20 \cdot \frac{154}{2} \cdot 0{,}364 = 7'555 \text{ "}$$

Mantelreibung	$R_M =$	10'557 kN
Auftrieb (vgl. S. 67)	$A =$	10'834 "
	$R_M + A =$	21'391 kN
Eigenlast (vgl. S. 66)	$G =$	33'986 "

$$\eta = \frac{33'986}{21'391} = 1{,}59 > 1{,}1$$

15.3 Stahlbetonbemessung

15.3.1 Senkkastendecke

Pfeilerschaft	15'134 kN
Erdreich	9'419 "
Senkkasten	7'760 "
	$G =$ 32'313 kN

wirkt auf die Grundfläche

$$A = 12{,}16 \cdot 6{,}56 = 79{,}77 \text{ m}^2$$

$$\text{Deckenbelastung} \quad p = \frac{32'313}{79{,}77} = 405 \text{ kN/m}^2$$

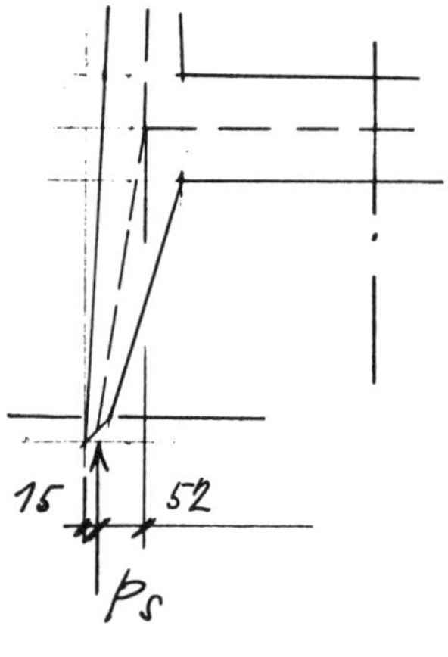

Schneidenlast (vgl. S. 67)

$$p_s = 2'048 \cdot 0{,}30 = 615 \text{ kN/m}$$

$M_{Eck} = 615 \cdot 0{,}52 = 320$ kNm/m

$M_{Feld} = 405 \cdot \frac{5{,}58^2}{8} + 320 = 1'896$ kNm/m   (1'576)

B 35: $\beta_R = 23$ MN/m²   BSt 420

$d/h = 1{,}20/1{,}10$ m

$A_s = \frac{1{,}75 \cdot 1'896}{42 \cdot 0{,}95 \cdot 1{,}10} = 76$ cm²/m

(2 Lagen: unten ⌀ 28, a = 15 cm und darüber ⌀ 26, a = 15 cm ⟶ 76 cm²/m)

$Q = 405 \cdot \frac{4{,}60 - 1{,}10}{2} = 708$ kN/m

$\tau = \frac{1{,}75 \cdot 708}{0{,}95 \cdot 1{,}10} = 1'186$ kN/m² $< \tau_u = \frac{23}{3} = 7{,}67$ MN/m²

$A_w = \frac{0{,}5 \cdot 1{,}75 \cdot 708}{42 \cdot 0{,}95 \cdot 1{,}10} = 14{,}1$ cm²/m

(Bügel ⊔ 2 ⌀ 18, a = 30 cm: 17,0 cm²/m)

15.3.2 Senkkastenwand unten

$M_{Eck} = 615 \cdot 0{,}505 = 311$ kNm/m

$N = -615$ kN/m

$d/h = 1{,}01/0{,}96$ m

$M_e = 311 + 615 \cdot 0{,}455 = 591$ kNm/m   (280)

$$A_s = \frac{1,75 \cdot 591}{42 \cdot 0,95 \cdot 1,96} - \frac{1,75 \cdot 615}{42} =$$

$$= 27,0 - 25,6 = 1,4 \text{ cm}^2/\text{m}$$

$$\min A_s = 0,15 \cdot 101 = 15,2 \text{ cm}^2/\text{m}$$

$$(\phi\, 18, \, a = 15 \text{ cm} : \; 17,0 \text{ cm}^2/\text{m})$$

16 Trockendock

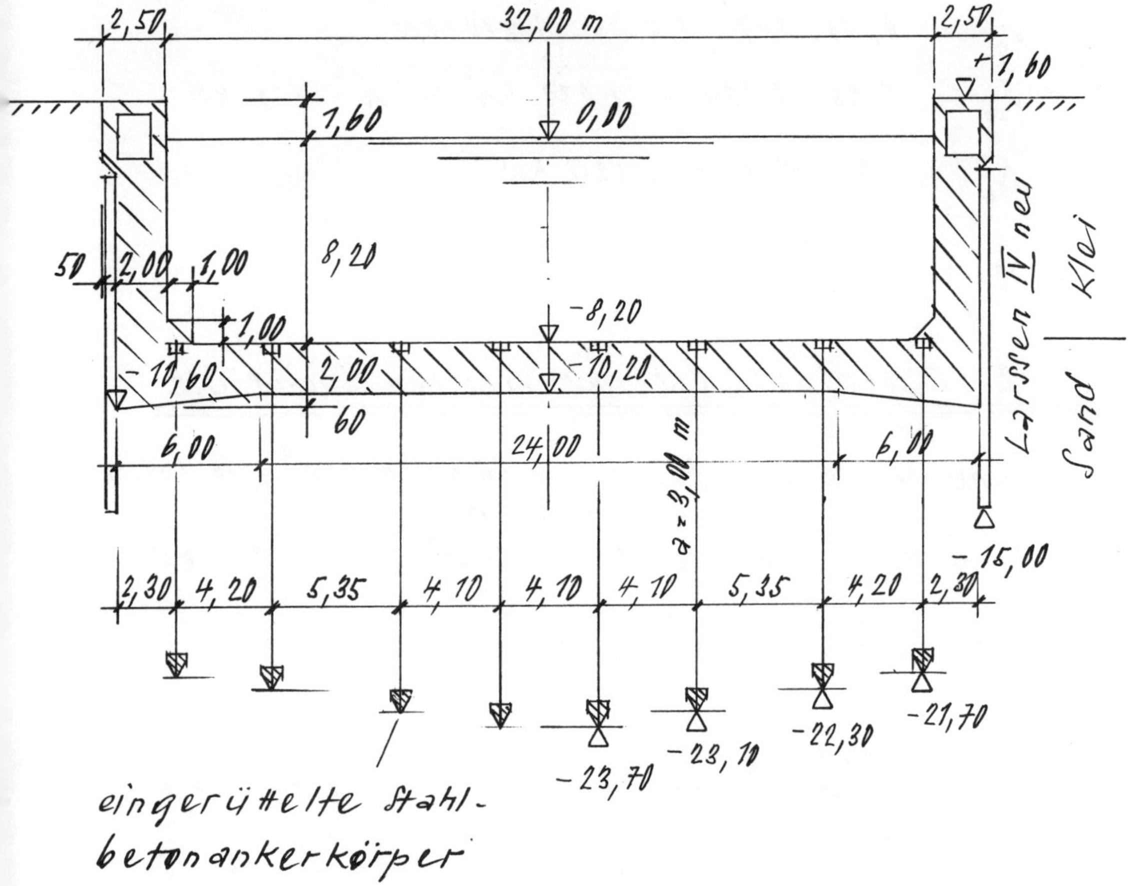

16.1 Zuganker

Sohlplatte	2,00 . 24	=	48 kN/m²
Auftrieb	− 10,20 . 10	=	− 102 "
vertikale Last			− 54 kN/m²

Ankerraster 4,75 × 3,00 m

größte Ankerlast $A = 54 \cdot 4{,}75 \cdot 3{,}00 = 770$ kN

Spannlitzen ϕ 0,6" = 15,3 mm St 1570/1770

Spannglied $7 \phi 0{,}6'' = 9{,}80\ cm^2$

$V_0 = 0{,}70 \cdot 177 \cdot 9{,}8 = 1'214\ KN$

$V_\infty = 0{,}85 \cdot 1'214 = 1'032\ KN > A = 770\ KN$

$A_u = 157 \cdot 9{,}8 = 1'539\ KN$

$$\eta = \frac{1'539}{770} = 2{,}00 > 1{,}75$$

16.2 Eigenlast der aktivierten Sandsäule

Sand mitteldicht: $\gamma = 20\ KN/m^3 \quad \gamma' = 10\ KN/m^3$

$$G' = 4{,}10 \cdot 3{,}00 \cdot \left(12{,}90 - \frac{2}{3} \cdot 4{,}10\right) \cdot 10 = 1'251\ KN > V_0$$

(über dem Klammerausdruck: $-2{,}73$)

$$\eta = \frac{1'251}{770} = 1{,}62 > 1{,}5$$

16.3 Sohlplatte

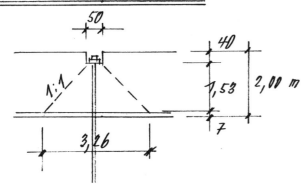

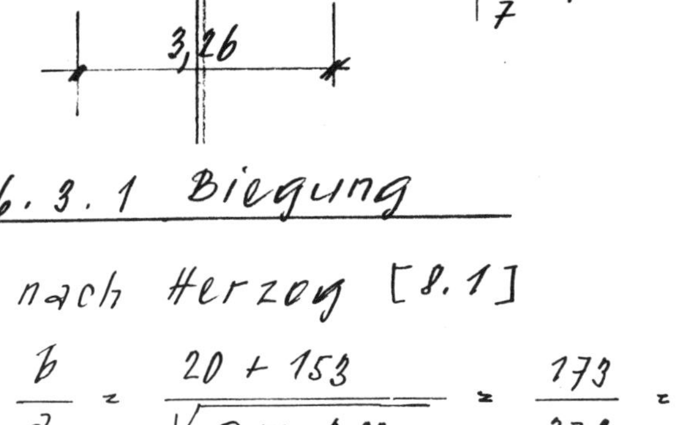

16.3.1 Biegung

nach Herzog [8.1]

$$\frac{b}{a} = \frac{20 + 153}{\sqrt{\frac{9{,}55 \cdot 3{,}00}{2}}} = \frac{173}{378} = 0{,}458$$

$$M = \frac{3,9}{16\pi} \cdot 770 = 60 \text{ kNm/m}$$

$B\ 35:\ \beta_R = 23,0 \text{ MN/m}^2$ BSt 420

$d/h = 1,60/1,53$ m

$$A_s = \frac{1,75 \cdot 60}{42 \cdot 0,95 \cdot 1,53} = 1,72 \text{ cm}^2/\text{m}$$

$\min A_s = 0,15 \cdot 200 = 30,0 \text{ cm}^2/\text{m}$

$(\phi\ 24,\ a = 15 \text{ cm};\ 30,2 \text{ cm}^2/\text{m})$

16.3.2 Durchstanzen

$$Q = 54\,(\overset{14,25}{4,75 \cdot 3,00} - \overset{-10,63}{3,26^2}) = 196 \text{ kN}$$

$$\frac{\mu\,\beta_S}{\beta_R} = \frac{30,2}{153 \cdot 100} \cdot \frac{420}{23} = 0,0361$$

$$\frac{\tau_u}{\beta_R} = \frac{1,6 \cdot 0,0361}{1 + 16 \cdot 0,0361} = 0,0366$$

$$Q_u = 0,0366 \cdot 23 \cdot 4 \cdot 1,53\,(0,20 + 1,53) =$$

$$= 0,842 \cdot 10,59 = 8,91 \text{ MN}$$

$$\gamma = \frac{8 \cdot 910}{196} = 45,5 \gg 2,1$$

16.4 Wand

Klei = weicher Ton: $\gamma = 17 \text{ kN/m}^3$

$\gamma' = 7$ "

$\varrho = 17,5°$

$c = 10 \text{ kN/m}^2$

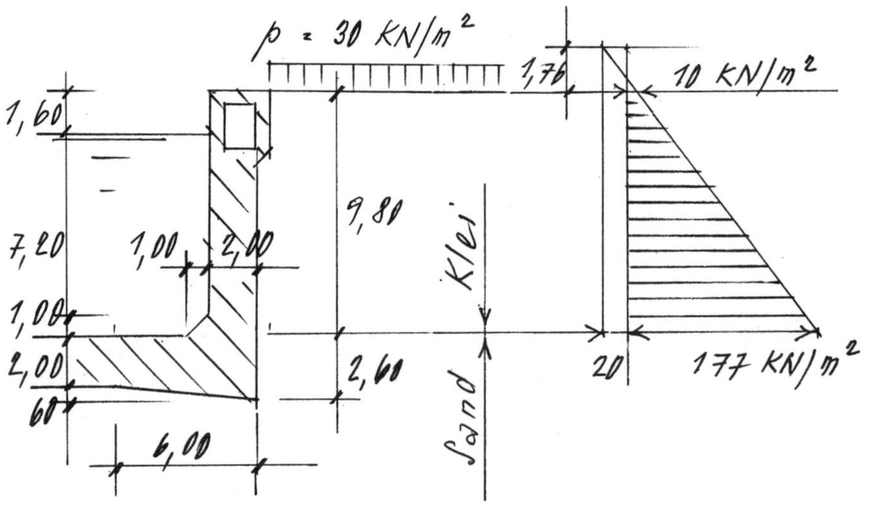

16.4.1 Erddruck

Ersatzhöhe der Verkehrslast $h' = \frac{30}{17} = 1,76$ m

freie Standhöhe des weichen Tons

$$h_0 = \frac{4 \cdot 10}{17} = 2,35 \text{ m}$$

$$\text{Erddruck} \quad E_a' = \overset{197}{17(1,76 + 9,80)} - \overset{-20}{2 \cdot 10} = 177 \text{ KN/m}^2$$

16.4.2 Stahlbetonbemessung

$$d/h = (3,00)\ 2,76 / 2,70 \text{ m}$$

$$M = -9,80^2 \left(\overset{5}{\frac{10}{2}} + \overset{27,83}{\frac{167}{6}} \right) = -3'153 \text{ KNm/m}$$

$$N = 2,00 \cdot 9,80\,(25 - 10) = -294 \text{ KN/m}$$

$$M_e = 3'153 + \overset{388}{294 \cdot 1,32} = 3'541 \text{ KNm/m}$$

$$A_s = \frac{1,75 \cdot 3'541}{42 \cdot 0,95 \cdot 2,70} - \frac{1,75 \cdot 294}{42} =$$

$A_s = 57{,}5 - 12{,}2 = 45{,}3\ cm^2/m$

$(\phi\, 30,\ a = 15\ cm: \quad 47{,}2 \quad " \ )$

$Q = (9{,}80 - \frac{3{,}00}{2})(10 + \frac{152}{2}) = 714\ kN/m$

$d/h = 2{,}00 / 1{,}94\ m$

$\tau = \frac{1{,}75 \cdot 714}{0{,}95 \cdot 1{,}94} = 678\ kN/m^2 < \sqrt{\frac{23}{10}} = 1{,}52\ MN/m^2$

$\eta = \frac{1520}{678} = 2{,}24 > 2{,}1$

Keine Schubbewehrung erforderlich!

16.5 Ankerkörper

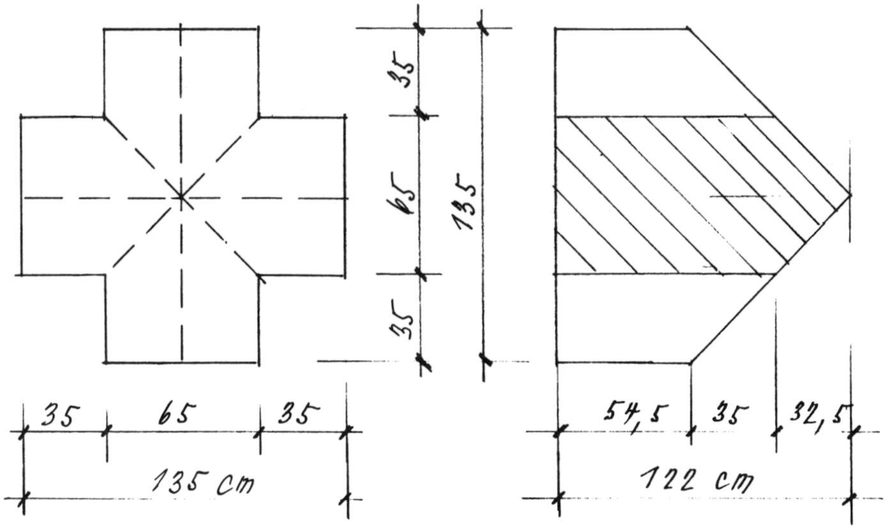

nach Herzog [16.2]

mitteldichter Sand: $p_s = 3{,}6\ MN/m^2$

$r_M = 36\ kN/m^2$

Spitzenwiderstand	3'600 . 0,65 . 2,05	=	4'797 kN
Mantelreibung	36 . 0,675 . 1,765 × 4	=	172 "
Tragfähigkeit	N_{uz}	=	4'969 kN

$$\eta = \frac{4'969}{770} = 6,45 > 2,0$$

17 Geschütteter Wellenbrecher

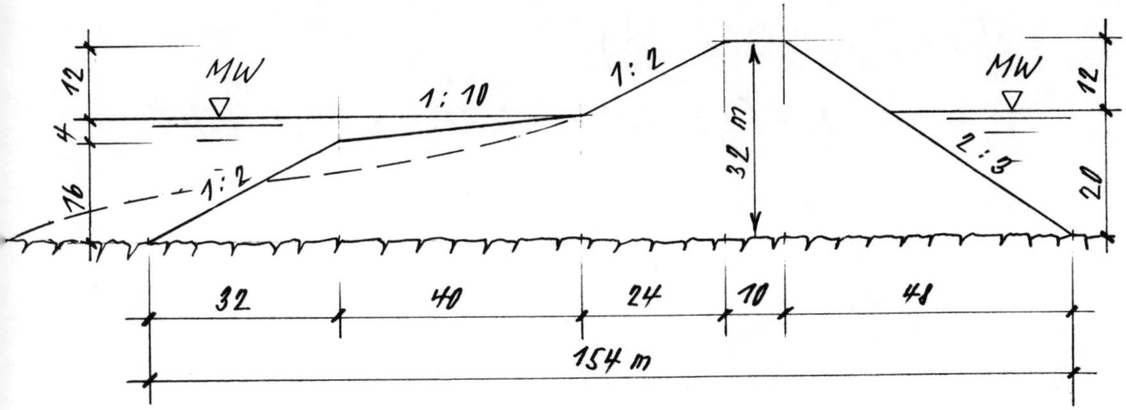

17.1 Fortspülen der Schutzschicht [17.1]

größte Wellenhöhe $t_W = \frac{20}{2} = 10\ m$

Dicke der Schutzschicht $t_s = 5{,}0\ m$

Dolos $M_s = 20\ t$

Neigung der Wellenoberfläche $\tan \alpha_W = 0{,}30$

$\sin \alpha_W = 0{,}287 \qquad \cos \alpha_W = 0{,}958$

Meerwasser $\gamma = 10{,}5\ kN/m^3$

- Schleppkraft der Welle:

$F = 10{,}5 \cdot (10{,}0 + 5{,}0) \cdot 0{,}287 = 45{,}3\ kN/m^2$

- Eigenlast der getauchten Schutzschicht:

$G_s' = 6{,}0 \cdot 5{,}0 \cdot 0{,}958 = 28{,}7\ kN/m^2$

- Reibung zwischen Schutzschicht und Dammkörper: $f \simeq 2{,}0$

$$G_S'(f\cos\alpha_W - \sin\alpha_W) =$$

$$= 28{,}7\,(\overset{1{,}916}{2{,}0 \cdot 0{,}958} - 0{,}287) = 46{,}8\ kN/m^2$$

- Sicherheit:

$$\eta = \frac{46{,}8}{45{,}3} = 1{,}03 > 1{,}0$$

17.2 Böschungsrutschung [17.2]

Reibungswinkel des getauchten Schüttmaterials

$$\tan\varrho' = 0{,}840$$

durchschnittliche Neigung der Rutschfläche

$$\tan\alpha_r = \frac{20}{112} = 0{,}179$$

$$\sin\alpha_r = 0{,}176 \qquad \cos\alpha_r = 0{,}984$$

- erforderliche Tangentialkraft

$$T = 28{,}7\,(0{,}840 - 0{,}179) \cdot 0{,}984 = 18{,}7\ kN/m^2$$

- Schleppkraft der Welle oberhalb der Rutschfläche

$$G_W = 10{,}0 \cdot 10{,}5 \cdot 0{,}176 = 18{,}5\ kN/m^2$$

- Sicherheit

$$\eta = \frac{18{,}7}{18{,}5} = 1{,}01 > 1{,}0$$

17.3 Schutzschichtmasse [17.3]

Dolos $M_s = 20\ t$

Knickwinkel der Brecherkante

$\Delta \tan \alpha_s = 0{,}500 - 0{,}100 = 0{,}400$

Festigkeit $K_1 = 0{,}7$

Verbundwirkung $K_2 = 0{,}8$

Wellenhöhe $H_W = 10{,}0\ m$

meerseitige Böschungsneigung im Bereich des Wasserspiegels $\tan \alpha_s = 0{,}500$

$$(1 - \Delta \tan \alpha_s) K_1 K_2 H_W^2 \cdot \tan \alpha_s =$$

$$= (1 - 0{,}4) \cdot 0{,}7 \cdot 0{,}8 \cdot 10^2 \cdot 0{,}5 = 16{,}8\ t < M_s = 20\ t$$

Sicherheit $\eta = \frac{20}{16{,}8} = 1{,}19 > 1{,}0$

18 Absenktunnel

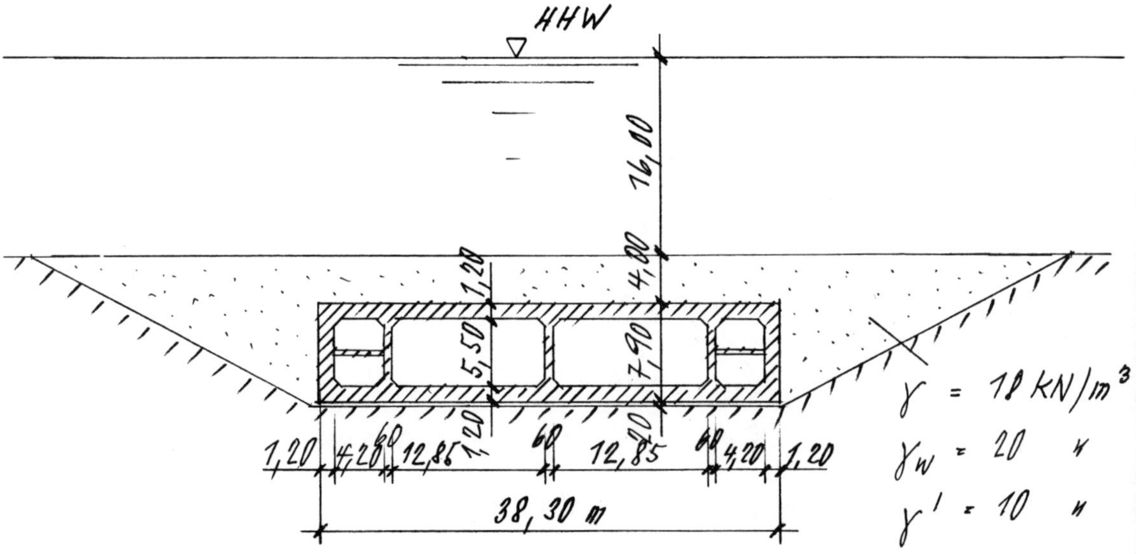

18.1 Lasten und Auftrieb

$$\text{Absenktunnel} \quad (\overset{91,92}{2,40 \cdot 38,30} + \overset{23,10}{5,50 \cdot 4,20}) \cdot 25 = 2876 \text{ kN/m}$$

$$\text{Sandüberschüttung} \quad 4,00 \cdot 38,30 \cdot (20 - 10) = 1532 \text{ "}$$

$$\text{Eigenlast} \qquad G = 4'408 \text{ kN/m}$$

$$\text{Auftrieb} \quad 7,90 \cdot 38,30 \cdot 10 = A = -3'026 \text{ "}$$

$$\eta = \frac{4'408}{3'026} = 1,46 > 1,1$$

18.2 Einschwimmen

$$\text{Tauchtiefe} \quad t = \frac{2'876}{38,3 \cdot 10} = 7,51 \text{ m} < 7,90$$

18.3 Schnittgrößen

18.3.1 Decke ≃ Bodenplatte

Wasser	10 . 16,00	= 160 kN/m²
Sandüberschüttung	20 . 4,00	= 80 "
Betonplatte	25 . 1,20	= 30 "
vertikale Last		p_v = 270 kN/m²

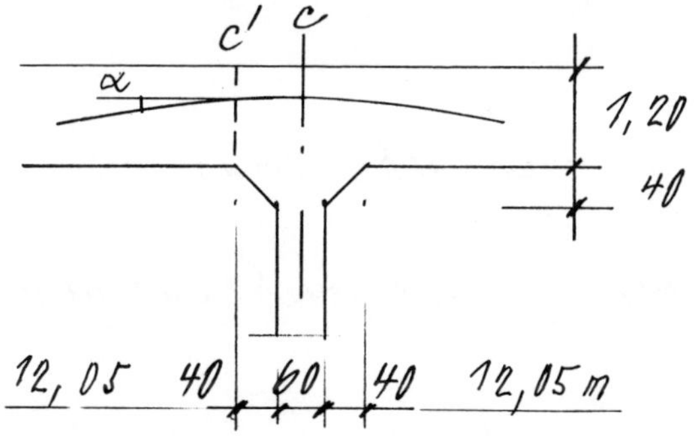

$$M_c' = -270 \cdot \frac{12{,}05^2}{12} = -3'267 \text{ kNm/m}$$

$$M_2 = 270 \cdot \frac{13{,}45^2}{24} = 2'035 \text{ "}$$

$$Q_c' = -270 \cdot \frac{12{,}05 - 1{,}15/2}{2} = -1'549 \text{ kN/m}$$

$$N_c = -270 \cdot 13{,}45 = -3'632 \text{ kN/m}$$

Wasserdruck i. M.	10 . 23,95 =	239,5 kN/m²
Erddruck i. M.	(20 - 10) . 0,5 . 7,90 =	39,5 "
horizontale (seitliche) Last	p_h =	279 kN/m²

$$N_h = -279 \cdot \frac{7{,}90}{2} = -1'102 \text{ kN/m}$$

18.3.2 Vorspannung

Litzenspannglieder 19 ф 0,6" St 1570/1770

$V_0 = 19 \cdot 1{,}40 \cdot 0{,}70 \cdot 177 = 3'296$ kN alle 40 cm

Ausmitte $e = \frac{120}{6} = 20$ cm

$M_c' = \frac{3'296 \cdot 0{,}20}{0{,}40} = 1'648$ kNm/m

$V_\infty \simeq 0{,}85\ V_0$

Reibungsverluste werden überspannt!

18.4 Spannungsnachweis (Gebrauchszustand)

$A_c = 1{,}20\ m^2/m$

$W_c = \frac{1{,}20^2}{6} = 0{,}240\ m^3/m$

} Querschnitt c'

$\sigma_{V0} = -\frac{8{,}24}{1{,}20} \mp \frac{1{,}648}{0{,}24} = -6{,}87 \mp 6{,}87 = {-13{,}74 \atop 0}\ MN/m^2$

Lastfall	σ_N	σ_M	σ (MN/m^2) OK	σ (MN/m^2) UK
g_0	0	$\pm 1{,}51$	1,51	−1,51
V_0			−13,74	0
$g_0 + V_0$			−12,23	−1,51
p_V	−0,92	$\pm 13{,}61$	12,69	−14,53
V_∞			−11,68	0
$p_V + V_\infty$			1,01	−14,53

Zugfestigkeit des Betons B 35 : $\beta_R = 23\ MN/m^2$

$\beta_{ct} = \sqrt{\frac{23}{10}} = 1{,}52\ MN/m^2 > 1{,}01$

18.5 Tragfähigkeitsnachweis (Bruchzustand)

B 35: $\beta_R = 23\ MN/m^2$ BSt 420

Spannlitzen $\beta_s = 1'570\ MN/m^2$

19 ⌀ 0,6" a = 40 cm:	66,5 · 157 =	10'440 · 0,40 =	4'176	
⌀ 20, a = 15 cm:	21,0 · 42 =	882 · 0,06 =	53	
	A_s = 87,5 cm²/m	11'322 kN/m	4'229 kNm/m	

Druckbewehrung $A_s' = 21{,}0\ cm^2/m$

$$x_c = \frac{10{,}440}{23} = 0{,}454\ m$$

$$z_1 = 1{,}20 - \frac{4'229}{11'322} - \frac{0{,}454}{2} = 0{,}599\ m$$

(−0,374 −0,227)

$$z_2 = 1{,}20 - 2 \cdot 0{,}06 = 1{,}080\ m$$

(6'254 953)

$$\beta_s A_s = 10'440 \cdot 0{,}599 + 882 \cdot 1{,}080 = 7'207\ kNm/m$$

$$\eta = \frac{7'207}{3'267} = 2{,}21 > 1{,}75$$

Schubsicherung:

(−417)

$$Q_{red} = 1'549 - 0{,}85 \cdot 8'240 \cdot \frac{4 \cdot 0{,}20}{13{,}45} = 1'132\ kN/m$$

$$\tau = \frac{1{,}75 \cdot 1'132}{0{,}637} = 3'110\ kN/m^2 < \tau_4 = \frac{23}{3} = 7{,}67\ MN/m^2$$

$$A_W = \frac{0{,}5 \cdot 1{,}75 \cdot 1'132}{42 \cdot 0{,}637} = 37{,}0\ cm^2/m$$

(Bügel ⊔ 2 ⌀ 20, a = 15 cm: 42,0 cm²/m)

19 Anker im Tunnelbau als Verbau

Verbau = vorläufige Sicherung des Ausbruchs

Gebirge: $\gamma = 26\ kN/m^3 \quad \varrho = 35^\circ \quad c = \emptyset$

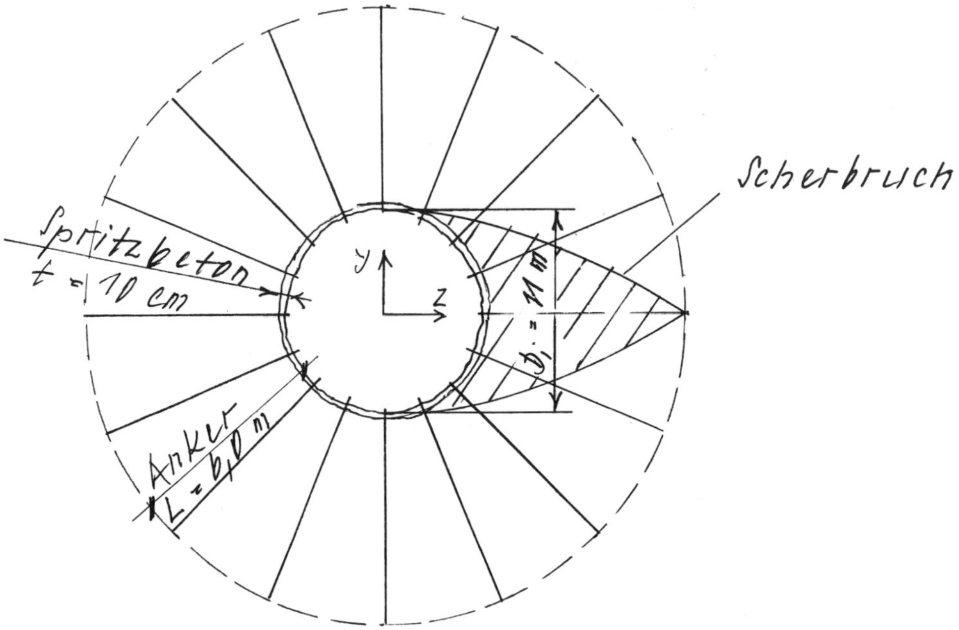

19.1 Primärspannungen

Überlagerung $H_ü = 320\ m$

Seitendruckverhältnis $\lambda = 0,8$

$p_v^I = 26\left(320 + \frac{11}{2}\right) = 8.463\ kN/m^2$

$p_h^I = 0,8 \cdot 8.463 = 6.770\ kN/m^2$

– Tangentialspannung in der Ulme:

$\sigma_{ty}^I = -8,46\,(3 - 0,8) = -18,6\ MN/m^2$

- Tangentialspannung in First und Sohle:

$$\sigma_{tz}^{I} = -8{,}46(3 \cdot 1{,}8 - 1) = -11{,}8 \ MN/m^2$$

beide Werte sind kleiner als die Gebirgsfestigkeit $\beta_G = 30 \ MN/m^2$

19.2 Sekundärspannungen

entstehen infolge Hohlraumausbruch

- wirksame Überlagerungshöhe (= Auflockerungsbereich) nach Stini: Tunnelbaugeologie, Wien 1950 $H_W = 32 \ m$

$$p_v^{II} = 26\left(32 + \frac{11}{2}\right) = 975 \ kN/m^2$$

$$\lambda = 1 - \sin\varrho = 1 - 0{,}574 = 0{,}426$$

$$p_h^{II} = 0{,}426 \cdot 975 = 415 \ kN/m^2$$

- durchschnittlicher Radialdruck:

$$p_r^{II} = \frac{975 + 415}{2} = 695 \ kN/m^2$$

19.3 Gebirgstragring [19.1]

Weil die Anker erst bei einer gewissen Konvergenz des Hohlraums unter Spannung kommen, genügt es, sie für

$$p_r = 0{,}9 \, p_r^{II} = 0{,}9 \cdot 695 = 625 \ kN/m^2$$

zu bemessen.

Nach Herzog [19.1]

- Anker ϕ 26 aus BSt 420:

  6,0 m lang und 0,5 Stück/m^2

  Sicherheitsbeiwert $\eta = 1,2$ verhindert das Versagen des Ankers vor dem Versagen des Gebirgstragrings

  $\tilde{\sigma}_z = 0,5 \cdot 5,31 \cdot 42/1,2 = 92,9\ kN/m^2$

  $\tilde{\sigma}_y = 625 \cdot 5,50/6,00 = 573\ kN/m^2$

- in der Scherbruchfuge wirken:

  $\tilde{\tau}_s = (\tilde{\sigma}_y - \tilde{\sigma}_z)\sin\varrho \cdot \cos\varrho =$

  $= (578 - 93) \cdot 0,574 \cdot 0,819 = 225\ kN/m^2$

  $\tilde{\sigma}_s = \tilde{\sigma}_y \cdot \sin^2\varrho + \tilde{\sigma}_z \cdot \cos^2\varrho =$

  $= 578 \cdot 0,574^2 + 93 \cdot 0,819^2 = 190 + 62 = 252\ kN/m^2.$

  Coulombsches Reibungsgesetz $\tau_s = \sigma_s \cdot \tan\varrho + c$

  für $c = 0$

  $\tilde{\sigma}_s \cdot \tan\varrho = 252 \cdot 0,700 = 176,4\ kN/m^2 < \tau_s = 225$

  Sicherheit gegen Scherbruch

  $\eta = \frac{225}{176,4} = 1,28$

20 Tunneltübbinge als Ausbau

Ausbau = endgültige Sicherung des Hohlraums. Die Tübbinge müssen den Gebirgsdruck im Endzustand auch bei Ausfall der Anker tragen können.

20.1 Maßgebender Gebirgsdruck [20.1 und 20.3]

vgl. Abschnitt 19.2 Sekundärspannungen

$$p_r = 695 \ kN/m^2$$

$$N_\varphi = \frac{p_r D_i}{2} = 695 \cdot \frac{11,0}{2} = -3'823 \ kN/m^2$$

20.2 Profilierter Graugußtübbing [20.2]

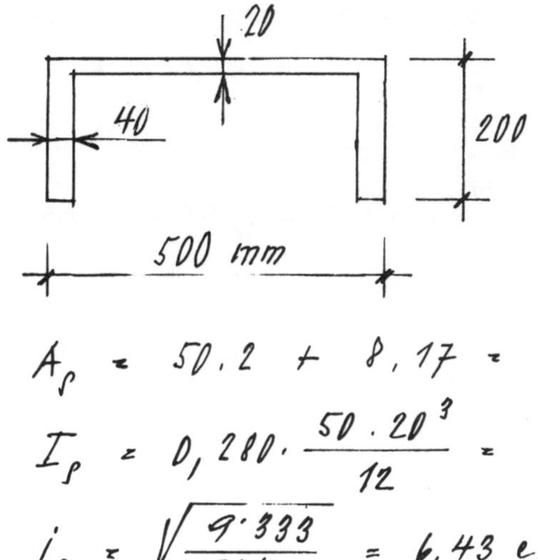

$$\frac{20}{200} = 0,100$$

$$\frac{80}{500} = 0,160$$

$$A_s = 50 \cdot 2 + 8,17 = 100 + 126 = 226 \ cm^2$$

$$I_s = 0,280 \cdot \frac{50 \cdot 20^3}{12} = 9'333 \ cm^4$$

$$i_s = \sqrt{\frac{9'333}{226}} = 6,43 \ cm$$

$$\lambda = \frac{0,4 \cdot 1'100}{6,43} = 68,4$$

GG 25 : $\beta_s = 250 \ MN/m^2$ $\quad E_s = 100'000 \ MN/m^2$

$$\sigma_{Ki} = \left(\frac{\pi}{68,4}\right)^2 \cdot 10'000 = 21,1 \ KN/cm^2$$

$$\tilde{\sigma}_K = \frac{21,1}{\sqrt{1+\left(\frac{21,1}{25}\right)^2}} = 16,1 \ kN/cm^2$$

$$\tilde{\sigma}_\varphi = \frac{3 \cdot 823}{2 \cdot 226} = -8,46 \ kN/cm^2$$

$$\eta = \frac{16,1}{8,46} = 1,90 > 1,71$$

20.3 Massivbetontübbing

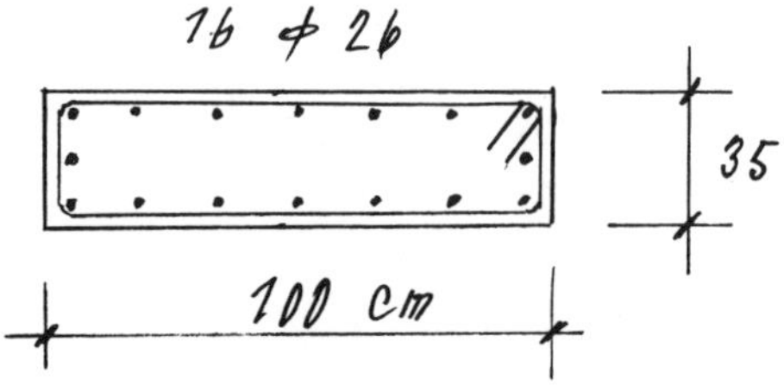

B 55 : $\beta_R = 30 \ MN/m^2$

B St 420

Satt hinterfüllte Betontübbinge versagen auch ohne Mörtelhinterpressung auf "Scherbruch" und nicht auf Knicken!

$$N_{u0} = 30 \cdot 0,35 + 420 \cdot \frac{16 \cdot 5,31}{10\,000} = 10,50 + 3,57 = 14,07 \ kN/m$$

$$\eta = \frac{14,07}{5,97} = 2,36 > 2,1$$

21 Flugverkehrsfläche (unbewehrt und Spannbeton)

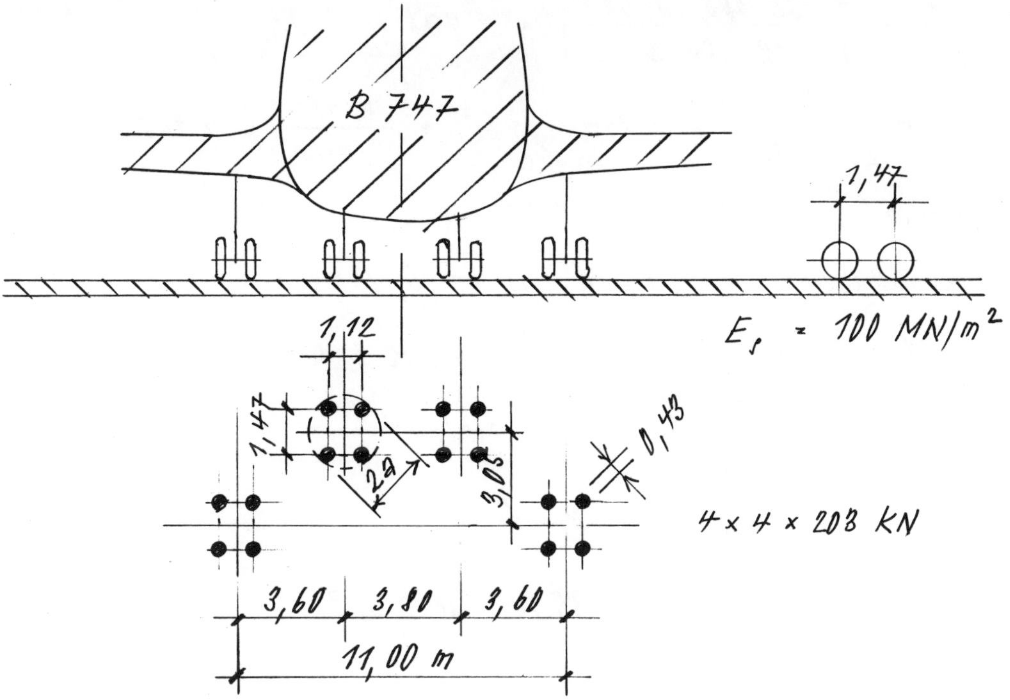

21.1 Elastische Berechnung [21.1]

Unbewehrte Betonplatte d = 40 cm auf elastischer Unterlage

21.1.1 Radlasten

nach Stiglat/Wippel [14.1] S. 235 - 237

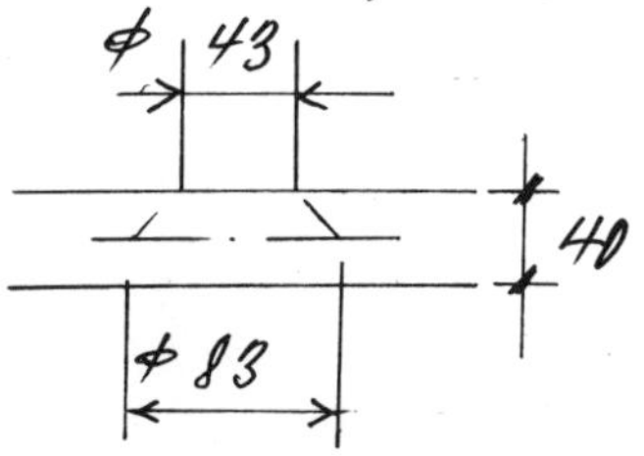

Lastkreisdurchmesser

$$2a = 0,83 + \sqrt{\underset{1,25}{1,12^2} + \underset{2,16}{1,47^2}} = 2,68\,m \qquad (\sqrt{\ldots} = 1,85)$$

$$\text{Bettungsziffer} \quad C = \frac{100}{2,68} = 37,3\ MN/m^3$$

B 45 : $\beta_R = 27\ MN/m^2$ $\qquad E_c = 35'000\ MN/m^2$

$$L^* = \sqrt[4]{\frac{35'000 \cdot 0{,}40^3}{12 \cdot 37{,}3}} = 1{,}496\ m$$

$$\alpha = \frac{0{,}83}{2 \cdot 1{,}496} = 0{,}277 \qquad \delta = \frac{0{,}40}{1{,}496} = 0{,}267$$

Stoßbeiwert $\varphi = 1{,}25$

Querdehnungszahl $\mu = 0{,}2$

$$\varphi M_p = 1{,}25 \cdot 1{,}2 \cdot 203 \cdot 0{,}14 = 42{,}6\ kNm/m$$

$$\sigma_\varphi = \frac{6 \cdot 0{,}0426}{0{,}40^2} = 1{,}60\ MN/m^2$$

21. 1. 2 Temperaturgefälle

$$\sigma_{\Delta T} = E_c\,\alpha\,\Delta T \cdot \frac{d}{2} = 35'000 \cdot 10^{-5} \cdot 0{,}9 \cdot \frac{40}{2} = 6{,}30\ MN/m^2$$

21. 1. 3 Lastfallkombination

$$\sigma_\varphi + \sigma_{\Delta T} = 1{,}60 + 6{,}30 = 7{,}90\ MN/m^2$$

Biegezugfestigkeit des Betons

$$\beta_{cb} = \sqrt{27} = 5{,}2\ MN/m^2 < 7{,}90$$

Es kommt zur Rißbildung auf der Plattenunterseite!

21. 2 Plastische Berechnung

Spannbetonplatte $d = 20$ cm auf nachgiebiger Unterlage

21. 2. 1 Radlasten

nach Herzog [21.2]

$$2a = \sqrt{\underset{9,30}{3,05^2} + \underset{12,96}{3,60^2}} = 4,72\ m < 3,80\ m$$

Plattenmitte: $W = 0,20^2/6 = 0,00667\ m^3/m$

$$\varphi(M + M') = 1,25 \cdot 203/\pi = 80,8\ kNm/m$$

$$\varphi M = \varphi M' = 80,8/2 = 40,4\ kNm/m$$

21.2.2 Temperaturgefälle

$$\sigma_{\Delta T} = 35'000 \cdot 10^{-5} \cdot 0,9 \cdot \frac{20}{2} = 3,15\ MN/m^2$$

21.2.3 Vorspannung

Litzenspannglieder $7\phi 0,6''$ (St 1570/1770) alle 90 cm

$$V_0 = 7 \cdot 1,40 \cdot 0,70 \cdot 177/0,90 = 1'349\ kN/m$$

$$\sigma_{V0} = -\frac{1,349}{0,20} = -6,75\ MN/m^2$$

$$V_\infty = 0,85\ V_0$$

21.2.4 Spannungsnachweis für die Plattenmitte

Lastfall	σ (MN/m^2)	
	OK	UK
φP	$-6,06$	$6,06$
ΔT	$-3,15$	$3,15$
V_0	$-6,75$	$-6,75$
V_∞	$-5,73$	$-5,73$
$\varphi P + \Delta T + V_\infty$	$-14,94$	$3,48$

$< \beta_{cb} = 5,20\ MN/m^2$

21.2.5 Tragfähigkeit

– Plattenmitte:

$$M = 40{,}4 + 21{,}0 = 61{,}4 \ kNm/m$$

$$N = V_\infty = 0{,}85 \cdot 1'349 = 1'147 \ kN/m$$

$$A_z = \frac{1{,}75 \cdot 61{,}4}{157 \cdot 0{,}95 \cdot 0{,}10} - \frac{1{,}75 \cdot 1'147}{157} =$$

$$= 7{,}20 - 12{,}79 < 0$$

(vorhanden $9{,}8/0{,}90 = 10{,}9 \ cm^2/m$)

– Platteneck:

$$M = 4 \cdot 40{,}4 + 21{,}0 = 182{,}6 \ kNm/m$$

$$N = V_\infty = 1'147 \ kN/m$$

$$A_z = \frac{1{,}75 \cdot 182{,}6}{157 \cdot 0{,}95 \cdot 0{,}10} - \frac{1{,}75 \cdot 1'147}{157} =$$

$$= 21{,}42 - 12{,}79 = 8{,}63 \ cm^2/m < 10{,}9$$

22 Literatur

(Die erste Zahl bezeichnet den Buchabschnitt)

[1.1] Weißenbach, A.: Diskussionsbeitrag zur Einführung des probabilistischen Sicherheitskonzepts im Erd- und Grundbau. Bautechnik 68 (1991), S. 73-83

[2.1] Herzog, M.: Vereinfachte Voraussage der Tragfähigkeit des Baugrunds unter Flachgründungen. Bautechnik 69 (1992), S. 706-709

[3.1] Herzog, M.: Traglast und Setzung großer Bohrpfähle nach Versuchen. Bauingenieur 53 (1978), S. 289-292

[3.2] Herzog, M.: Elementare Erfassung der Gruppenwirkung von Bohrpfählen unter vertikalen Lasten. Bauingenieur 64 (1989), S. 209-213

[4.1] Tschebotarioff, G. P.: Large scale model earth pressure tests on flexible bulkheads. Trans. ASCE 114 (1949), S. 415-455 und 524-539 (deutsche Kurzfassung von Schultze, E.: Neue Vorschläge für die Berechnung von Spundwänden. Bautechnik 27 [1950], S. 366-368)

[4.2] Gibbons, N., und Jaspers, N.: Analytical comparison of anchored bulkhead design theories. Master Thesis, Princeton University 1954 (deutsche Kurzfassung von Schultze, E.: Vergleich von Berechnungsverfahren für verankerte Spundwände. Bauingenieur 33 [1958], S. 163-167)

[5.1] Herzog, M.: Zuschrift zu Kramer, H., und Rizkallah, V.: Abschätzung der Tragfähigkeit von Verpreßankern. Bauingenieur 55 (1980), S. 140

[6.1] Herzog, M.: Die Standsicherheit von Erd- und Felsböschungen bei beliebiger Form der Rutschfläche. Bauingenieur 56 (1981), S. 89-95

[6.2] Herzog, M.: Die Stabilität von Felsböschungen bei hangparalleler Schichtung. Bauingenieur 56 (1981), S. 457-458

[8.1] Einfache Pilzkopfform erleichtert Bauausführungen. Bautechnik 35 (1958), S. 474-475

[8.2] Herzog, M.: Die Durchstanzfestigkeit von Stahlbeton- und Spannbetonplatten ohne und mit Schubbewehrung bei Innen-, Rand- und Eckstützen. Beton- und Stahlbetonbau 81 (1986), S. 68-73

[10.1] Homberg, H.: Graphische Untersuchungen von Fangedämmen und Ankerwänden unter Berücksichtigung starrer Wände. Berlin: Ernst & Sohn, 1938

[10.2] Rimstad, I. A.: Zur Bemessung des doppelten Spundwand-bauwerks. Ingeniørvidenskabelige Skrifter Nr. 9, Kopenhagen 1940

[12.1] Buchholtz; W.: Erdwiderstand auf Ankerplatten. Jahrb. d. Hafenbautechn. Gesellsch. 12 (1930/31), S. 300

[12.2] Kranz, E.: Über die Verankerung von Spundwänden. Mitt. auf dem Gebiet des Wasserbaus und der Baugrundforschung, H. 11. Berlin: Ernst & Sohn, 1940 (2. Aufl. 1953)

[12.3] Herzog, M.: Zum Versagen einer verankerten Spundwand am Houston Ship Channel. Bautechnik 72 (1995), S. 51-55 u. S.278

[13.1] Bruggen, J. P. van: Schwimmkastengründungen. Grundbau-Taschenbuch, 2. Aufl. Bd. I, S. 766-792. Berlin: Ernst & Sohn, 1966

[13.2] Herzog, M.: Zutreffende Siloberechnung. Bautechnik 64 (1987), S. 41-48

[14.1] Stiglat, K., und Wippel, H.: Platten, 3. Aufl. Berlin: Ernst & Sohn, 1983

[14.2] Herzog, M.: Vereinfachte Schnittkraftermittlung für umfang-gelagerte Rechteckplatten nach der Plastizitätstheorie. Beton- und Stahlbetonbau 85 (1990), S. 311-315

[16.1] Agatz, A.: Der technische Fortschritt auf dem Gebiete des Grund- und Verkehrswasserbaues in dem Zeitabschnitt von 1911-1966. Bauingenieur 41 (1990), S. 349-366

[16.2] Herzog, M.: Zur Tragfähigkeit von Zugfundamenten und -pfählen. Bauingenieur 65 (1990), S. 137-139

[17.1] Herzog, M.: Bemessung geschütteter Wellenbrecher. Bautechnik 60 (1983), S. 129-131

[17.2] Herzog, M.: Wie erdbebensicher sind geschüttete Wellenbrecher? Bautechnik 60 (1983), S. 440, 441

[17.3] Herzog, M.: Lehren aus Schäden an großen Wellenbrechern. Bauingenieur 61 (1986), S. 123-127

[19.1] Herzog, M.: Wirklichkeitsnahe Bemessung der Anker von Gebirgstragringen. Bautechnik 57 (1980), S. 162-164

[20.1] Herzog, M.: Statische Probleme des Tunnelbaus in elementarer Darstellung. Straßen- und Tiefbau 39 (1985), H. 10, S. 5-12, und H. 11, S. 21-27

[20.2] Herzog, M.: Wirklichkeitsnahe Bemessung von Tunneltübbingen. Tunnel 5 (1985), S. 248-253

[20.3] Herzog, M.: Die Beanspruchung der Tunnelauskleidung. Tunnel 8 (1988), S. 109-113

[21.1] Herzog, M.: Wirklichkeitsnahe Bemessung von Flugbetriebs-flächen und Straßen aus Beton. Straßen- und Tiefbau 39 (1985), H. 2, S. 18-21, und H. 3, S. 6-9

[21.2] Herzog, M.: Die Tragfähigkeit von Platten auf nachgiebiger Unterlage. Bautechnik 60 (1983), S. 395-398

Beispiele prüffähiger Festigkeitsnachweise für baupraktischen Näherungen

Inhaltsverzeichnis von Teil 1

Inhaltsverzeichnis von Teil 2

Kurze baupraktische Festigkeitslehre

von Dipl.-Ing. Dr. techn. Max A. M. Herzog

1995. Etwa 96 Seiten 170 mm x 240 mm,
kartoniert, etwa DM 32,-/öS 250,-/sFr 32,-

Aus dem Inhalt:
Querschnittswerte · Einachsige Biegung · Zentrischer Druck · Einachsig exzentrischer Druck · Verformungseinfluß · Zweiachsig exzentrischer Druck Querkraft · Torsion · Durchlaufträger · Rahmen · Bogen · Seiltragwerke · Platten · Temperaturänderungen · Schwinden und Kriechen des Betons · Vorspannung · Verbundträger · Ermüdung · Behälter, Bunker und Silos · Erddruck und Erdwiderstand · Tragfähigkeit des Baugrunds · Baugrundverformung · Böschungs- und Geländebruch · Verwendete Bezeichnungen · Literatur

Beispiele prüffähiger Festigkeitsnachweise
mit baupraktischen Näherungen

von Dipl.-Ing. Dr. techn. Max A. M. Herzog

1995. Etwa 108 Seiten, 170 mm x 240 mm,
kartoniert. In Vorbereitung

Teil 4 Konstruktiver Wasserbau

Aus dem Inhalt:
Elemente des Festigkeitsnachweises · Wehrnadeln · Dammbalken · Rechenanlage · Stauwehr · Segmentschütz mit Klappe · Freiliegende Druckrohrleitung · Druckstollen mit Dichthaut · Gewichtsstaumauer · Bogenstaumauer · Steinschüttdamm mit Zentralkern · Grundablaß mit Rollschütz · Doppelkammerschleuse · Schleusenstemmtor · Literatur